ÉTUDE EXPÉRIMENTALE

DU

COUP DE PÉDALE

PAR

Le Docteur Élisée BOUNY

PARIS

G. STEINHEIL, ÉDITEUR

2, RUE CASIMIR-DELAVIGNE, 2

—

1899

ÉTUDE EXPÉRIMENTALE

DU

COUP DE PÉDALE

IMPRIMERIE LEMALE ET Cie, HAVRE

ÉTUDE EXPÉRIMENTALE

DU

COUP DE PÉDALE

PAR

Le Docteur Élisée BOUNY

PARIS

G. STEINHEIL, ÉDITEUR

2, RUE CASIMIR-DELAVIGNE, 2

1899

A M. ABEL BALLIF

Président du Touring-Club de France.

ÉTUDE EXPÉRIMENTALE

DU

COUP DE PÉDALE

AVANT-PROPOS

La place, de jour en jour plus importante, qu'occupe le vélocipède dans notre vie individuelle et sociale, donne lieu à un grand nombre de problèmes dans les branches les plus diverses de la science appliquée et de la science pure. Non-seulement le nouveau moyen de transport a révolutionné l'industrie spéciale des transports et donné la plus vive impulsion aux progrès de sa théorie, mais son emploi soulève chaque jour des questions complexes où la mécanique et la physiologie sont intimement liées. C'est sur l'un de ces problèmes, celui de la physiologie musculaire du cyclisme, que je me suis efforcé de jeter quelque lumière.

Les recherches qui ont servi de base à ce travail sont la continuation de travaux entrepris dans ses laboratoires par M. le Pr Marey, et une grande partie des méthodes employées est due à ses lumineux conseils. Aussi suis-je heureux de lui rendre ici un hommage public ; et je m'estimerai vraiment récompensé si cette étude du disciple n'est pas jugée indigne des travaux auxquels le maître a lui-même mis la main.

Bien que n'ayant pas l'intention de faire ma carrière de l'art de guérir, je ne veux pas laisser passer cette occasion, unique dans la vie d'un étudiant, de manifester ma reconnaissance à ceux qui ont guidé mes premiers pas. Que M. Gouraud, dont j'ai été l'externe, MM. Campenon et Duplay, qui m'ont eu comme stagiaire, reçoivent ici l'expression de la gratitude d'un de leurs plus humbles élèves. Je dois aussi un tribut de reconnaissance à M. le Pr Pinard, pour les leçons, merveilleuses de précision et de lucidité, auxquelles il nous a été donné d'assister pendant un mois.

M. J.-L. Faure, chirurgien des hôpitaux, alors prosecteur, a présidé à mon éducation anatomique, mais le lien qui nous unit n'est pas seulement celui de maître à élève, et je veux voir en lui bien plus l'ami que l'éducateur.

Enfin, M. P. Reclus et M. le Pr Brissaud ont été, pour moi, les maîtres de la première heure, ils ont été également ceux de la dernière, et, si en me tournant vers eux je n'avais pas été sûr de toujours trouver un encouragement, peut-être ce travail n'eût-il jamais été fait.

CHAPITRE PREMIER

Historique.

Depuis l'introduction des procédés modernes d'investigation en physiologie, et plus particulièrement de la méthode graphique, et la vulgarisation de cette dernière en France, sous l'impulsion de MM. Marey et Chauveau, de nombreux expérimentateurs ont appliqué les méthodes dynamométriques et dynamographiques dans l'analyse du fonctionnement des muscles qui concourent aux divers modes de locomotion humaine et animale.

Il existe, pour l'homme, un mode de progression qui, par certaines conditions de son mécanisme, se prête particulièrement bien à l'application des procédés dynamométriques : c'est la locomotion vélocipédique. Lorsque l'homme progresse par l'intermédiaire d'un cycle à deux ou à trois roues, la trajectoire du pied, par rapport à la machine, est un cercle, et la vitesse de ce pied est constante pour une même vitesse de translation. Lorsqu'on cherche à se rendre compte de la physiologie musculaire du coup de pédale, cette propriété précieuse simplifie considérablement les recherches, puisque la forme et la vitesse des mouvements étudiés peuvent être exactement déterminées, sans recourir à l'application des méthodes compliquées et délicates que l'étude de la marche a conduit M. le Pr Marey à employer ; je veux parler de la méthode chronophotographique, à laquelle son nom est indissolublement attaché.

Aussi, quoique la généralisation de l'emploi du cycle comme moyen de transport soit de date relativement récente, existe-t-il déjà d'assez nombreux travaux expérimentaux ou théoriques sur ce mode de locomotion.

En 1889, M. Scott, de Philadelphie, construisait une pédale dynamométrique, qu'il appelait le cyclographe, et donnait dans son ouvrage, *Cycling Art, Energy and Locomotion*, le résultat d'expériences méthodiques faites à l'aide de cet appareil. A côté de mesures de la pression du pied sur la pédale, dans les conditions les plus variées (rampes, pentes, vent favorable ou contraire, vélocipèdes de systèmes divers), il avait effectué une série d'essais sur l'action des membres inférieurs aux points correspondant à ce que nous étudierons plus loin sous le nom d'angle mort.

En 1893, deux Français, MM. Maillard et Bardon, firent breveter une pédale dynamométrique, analogue au cyclographe; mais leur appareil avait le défaut grave de ne donner de résultats exacts que si la pédale conservait dans l'espace une direction constante, condition qui n'est jamais réalisée dans la pratique. D'ailleurs, il n'existe pas, à notre connaissance, de compte rendu d'une série d'expériences faites à l'aide de l'appareil de Maillard et Bardon.

Au commencement de 1895, M. Marey fit construire, dans son laboratoire, deux pédales dynamométriques à transmission par tubes à air, basées sur un principe analogue à celui des appareils de Scott et de Maillard et Bardon. Mais, tandis que, dans le dynamomètre de Maillard et Bardon, on n'enregistre que la pression du pied normale à la surface de la pédale, la pédale dynamométrique de M. Marey inscrivait, en plus de cet effort normal F_n, celui que le cycliste développe parallèlement au plan de celle-ci, ou effort de glissement F_g. De plus, le mécanisme qui recevait et enregistrait l'effort normal était une bascule de Quintenz, ce qui éliminait les erreurs dues aux variations possibles du point d'application de la poussée du pied.

Ces appareils servirent, pendant l'été de 1895, à une série d'expériences faites à la Station physiologique du Parc des Princes et dont M. Marey m'avait confié la direction. Ces essais donnèrent des résultats intéressants, qui confirmèrent en gros ceux qu'avaient déjà donnés les expériences de Scott, mais ils montrèrent aussi la nécessité de modifier la pédale dynamométrique employée pour la rendre plus robuste, plus légère et moins sujette à dérégler. Ce résultat fut obtenu en supprimant, dans la pédale dynamométrique, tout organe de transmission non métallique : les courbes des efforts mesurés sont inscrites directement sur un disque placé sur l'axe même de la pédale. Cette disposition semblait, à première vue, devoir beaucoup compliquer la lecture des courbes ; mais un artifice de mécanique a permis de tourner la difficulté, et il en est même résulté cet avantage, que la pédale dynamométrique ainsi modifiée, non seulement mesure l'effort normal et l'effort de glissement, mais encore inscrit automatiquement la succession des différentes positions de son plan dans l'espace, pour 14 positions équidistantes de la manivelle pendant un tour complet. Cet avantage précieux dispensait dorénavant d'avoir recours à la photographie pour obtenir la série des positions de la pédale pendant un coup de pédale dont on prenait le tracé dynamométrique.

La pédale dynamométrique devenait donc un appareil de mesure d'un maniement relativement simple ; aussi me fut-il possible de l'employer dans une série d'expériences faites, au printemps de 1896, sur la piste du Vélodrome d'Hiver, avec la bienveillante autorisation de son directeur, M. H. Desgrange.

Mais avant d'entrer dans le détail de ces recherches personnelles, je dois, pour compléter ce court historique, mentionner les résultats très remarquables obtenus, à l'aide de procédés d'expérimentation plus simples, par M. Perrache. J'aurai assez souvent l'occasion de revenir sur ces travaux, que M. Perrache a lumineusement exposés, dans des articles signés du pseudonyme l'« Homme de la Montagne », et publiés dans les journaux spéciaux : *Le Cycliste*, la *Revue Mensuelle du Touring-Club de France*, la *Bicyclette* et le *Véloce-Sport* (ces deux derniers aujourd'hui disparus), pendant les années 1895, 1896, 1897, 1898.

On trouvera également dans ces publications de très nombreux articles parus, en réponse à ceux de M. Perrache, sous la signature de MM. Briot, Bouard, Duard, Gréau, Morin, etc., et pour lesquels je ne puis que renvoyer le lecteur à l'index bibliographique. Quant aux articles signés Vélocio, leur nombre dans le journal *Le Cycliste* est tellement grand qu'un index complet eût dû mentionner tous les numéros parus ; le lecteur qui s'astreindra à lire la collection complète du journal n'aura pas, d'ailleurs, perdu son temps.

Dans un ordre de recherches un peu différent, citons l'étude théorique du coup de pédale, faite par M. Bourlet, docteur ès sciences mathématiques, dans son excellent *Traité des Bicycles et Bicyclettes*, qui constitue, à l'heure qu'il est, l'ouvrage didactique le plus complet et le plus autorisé que nous possédions, en France, sur les questions de vélocipédie.

CHAPITRE II

Analyse dynamométrique d'un coup de pédale.

Technique expérimentale.— La première série d'expériences faites à l'aide de la pédale dynamométrique modifiée a eu lieu, comme je l'ai dit plus haut, au Vélodrome d'Hiver du Champ-de-Mars, en 1896. Le choix de cette piste couverte et close était très avantageux, car on n'avait pas à craindre de variations dans le coefficient de roulement du sol, ni à se préoccuper des erreurs dues aux vent, presque inévitables dans les expériences sur route.

Voici quelle fut la technique de ces essais :

Le sujet en expérience, monté sur une bicyclette munie de la pédale dynamométrique, parcourait la piste à une allure déterminée, que l'on s'efforçait de rendre aussi uniforme que possible, soit par le chronométrage de chaque tour, soit par l'indication permanente de la cadence au moyen d'une montre à tic-tac très fort appliquée sur le pavillon de l'oreille du cycliste et maintenue par un bandage. Un deuxième cycliste suivait le sujet en expérience, en tenant à la main une poire de caoutchouc permettant, par l'intermédiaire d'un tube de transmission d'environ 4 mètres de long, de déclancher les styles traceurs de la pédale dynamométrique. Quand la vitesse paraissait bien uniforme, et de préférence dans une des lignes droites de la piste, le deuxième cycliste pressait sur la poire de commande des styles pendant cinq tours de pédale consécutifs, et les inscriptions de cinq coups de pédale du même pied se superposaient sur le carton recevant les inscriptions, à l'insu du cycliste objet de l'expérience.

Cette précaution, qui avait été négligée dans les expériences de M. Scott, avait une certaine importance, car il n'est pas douteux que le mécanisme du coup de pédale n'eût subi de sensibles modifications, si le sujet avait eu connaissance de l'instant de l'inscription, et même, par surcroît, la préoccupation de prendre le tracé au bon moment.

Les tracés dynamométriques furent ainsi recueillis à des vitesses qui ont varié de 34 à 16 kilomètres à l'heure ; il n'a pas été possible d'opérer à des vitesses plus réduites, les virages extrêmement relevés de la piste ne pouvant être pris avec sécurité qu'à une certaine allure minima.

La description plus détaillée de la pédale dynamométrique et la théorie de son emploi étant plutôt du ressort de la mécanique appliquée que de la physiologie, j'ai cru devoir les donner, à la fin du présent ouvrage, sous forme d'une note additionnelle qu'on trouvera immédiatement avant l'index bibliographique,

Une première partie de la discussion du tracé recueilli consistait dans la construction des positions successives de la pédale dans l'espace. Puis venait la lecture des courbes inscrites sur le carton par les styles traceurs de l'effort normal et de l'effort de glissement ; cette lecture se faisait à l'aide d'une graduation empirique ; les courbes des cinq coups de pédale successifs inscrites à chaque essai n'étant pas superposables, on en prenait la moyenne.

L'effort normal à la pédale et l'effort de glissement se trouvaient ainsi déterminés en grandeur ; comme ils étaient déjà déterminés en direction par la connaissance de la position du plan de la pédale, on avait tous les éléments nécessaires pour reconstituer la poussée du pied, dont ces deux efforts n'étaient en somme que les composantes estimées suivant deux directions rectangulaires. Le résultat de cette interprétation d'un tracé était donc une épure du coup de pédale, à la fois géométrique et mécanique, analogue à celle qui est figurée à la page 18 (fig. 3).

Théorie du coup de pédale, d'après M. Bourlet. — Avant d'aborder la discussion de cette épure, et d'essayer d'en dégager le mécanisme du coup de pédale considéré, nous croyons utile d'exposer la théorie du coup de pédale, telle que l'a édifiée M. Bourlet.

En effet, bien que cet auteur ait pris soin d'indiquer que l'étude qu'il faisait n'avait pour but que d'arriver à une première approximation, beaucoup de ses commentateurs ont pris ses conclusions au pied de la lettre et sont arrivés à des résultats parfois en contradiction complète avec des faits d'observation.

« Pour étudier la pression du pied sur la pédale », écrit M. Bourlet dans son *Traité des Bicycles et des Bicyclettes*, p. 113, « nous nous placerons d'abord, afin d'avoir une première « idée générale de ce qui se passe, dans des conditions théo- « riques, non réalisées dans la pratique avec un bon cycliste, « mais assez voisines de celles dans lesquelles se trouve un « débutant. »

« Nous assimilerons le membre inférieur à une bielle sim- « ple, dont la cuisse et la jambe seraient les deux bras, sans « tenir compte du mouvement de l'articulation de la cheville, « en supposant, par exemple, que le pied repose par le talon « sur la pédale. »

Admettons donc provisoirement, avec M. Bourlet, que la jambe joue, par rapport à la cuisse d'une part, à la manivelle d'autre part, le rôle d'une bielle rigide et inextensible ; en d'autres termes, que la jambe et le pied, inertes par eux-mêmes, ne peuvent que transmettre à la pédale et à la mani-

velle les mouvements d'élévation et d'abaissement du genou.
Remarquons que le nom même de manivelle, appliqué à la
pièce du cycle qui supporte la pédale, semble consacrer cette
assimilation.

Quand la pédale s'abaissera, le pied interviendra active_
ment en pressant sur elle ; pendant la remontée de la
pédale, il devra suivre le mouvement de celle-ci sans presser
dessus. Nous supposons enfin la hauteur de la selle réglée de
telle sorte que, quand la pédale sera en bas de sa course,
l'articulation du genou sera dans l'extension complète.

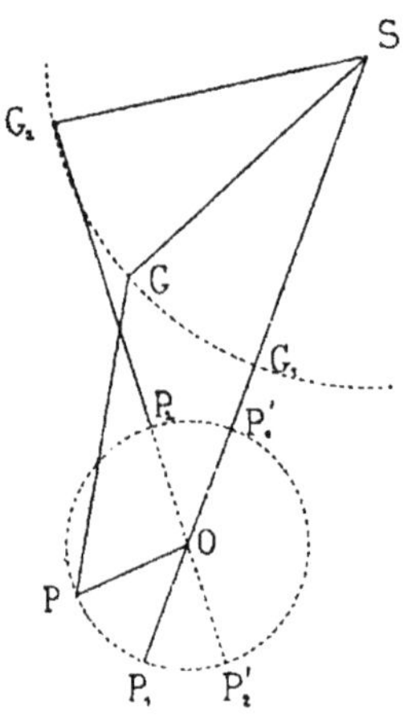

Fig. 1.

Ceci posé, soient (fig. 1) S la selle, ou plus exactement le
centre de l'articulation coxo-fémorale ou de la hanche ; O l'axe
du pédalier, c'est-à-dire le centre du cercle que décrivent
la pédale et le pied ; G le centre autour duquel s'exécutent
les mouvements de flexion et d'extension du genou ; P la pédale, supposée réduite à son axe, ces différents éléments étant
représentés en projection sur le plan de symétrie de la bicyclette, c'est-à-dire tels qu'ils seraient vus par un observateur

placé à une très grande distance du cycliste considéré, et à
sa gauche.

Considérons le membre inférieur du cycliste tout d'abord
dans la position SG_2P_2 pour laquelle, le genou étant au haut
de sa course, la jambe G_2P_2 est dans le prolongement de la
manivelle OP_2. Puisque nous avons attribué à la jambe la
fonction mécanique d'une bielle, celle-ci ne pourra agir utile-
ment sur la pédale et la solliciter à tourner autour du point O,
tant que le point P_2 n'aura pas été dépassé par la pédale. Ce
point P_2 est donc un *point mort*; il marque la limite à partir
de laquelle la jambe, assimilée à une bielle, peut commencer
son action.

A partir de ce point P_2, à mesure que la pédale s'abaissera
sous l'action du pied, la manivelle, tout d'abord située dans
le prolongement de la jambe, fera avec celle-ci un angle
OPG, de plus en plus petit; *l'attaque* de la manivelle par
la jambe-bielle se fera donc dans des conditions de plus en
plus favorables jusqu'à l'instant où la manivelle sera à angle
droit avec l'axe de la jambe. L'angle OPG devenant alors
aigu, l'attaque de la manivelle se fera dans des conditions de
moins en moins bonnes. Lorsque cet angle sera égal à zéro, ce qui
aura lieu pour la position SG_1P_1, il deviendra impossible à la
jambe d'exercer sur la pédale aucune action motrice utile; ce
point P_1 est, pour notre jambe-bielle, un deuxième point mort;
il marque la limite à partir de laquelle l'action utile du pied
devient impossible.

Or, en vertu de la disposition des manivelles, qui sont
calées à 180°, c'est-à-dire diamétralement opposées, lorsque le
pied droit est en P_2 et va pouvoir commencer son action, le
pied gauche est en P'_2; il a, par conséquent, dépassé le point
P_1 et toute action utile lui est devenue impossible. Un pied, et
un seul, le pied droit, pourra donc agir pendant que la pédale
droite parcourra l'arc P_2PP_1; mais, au moment où cessera

son action utile, le pied gauche, qui lui est diamétralement opposé, ne sera encore qu'en P'₁, par conséquent hors d'état d'agir sur la pédale correspondante. Donc, pendant que les pédales parcourront simultanément, l'une l'arc P₁P'₂, l'autre l'arc P'₁P₂, ni l'un ni l'autre des deux pieds ne pourra exercer sur la machine aucune action propulsive ; « il y aura donc un *temps mort*, pendant lequel la machine marchera toute seule, en vertu de la vitesse acquise », et ce temps mort se reproduira deux fois dans le cours d'une révolution complète des pédales.

Remarquons que cette conclusion semble vérifiée par ce que l'observation nous révèle sur le coup de pédale des débutants. Chez un très grand nombre de ceux-ci, en effet, on voit le brin supérieur de la chaîne de transmission se détendre au moment où les pédales se trouvent dans la position de l'angle mort, ce qui indique bien que, pendant cette phase du coup de pédale, le cycliste considéré n'exerce sur sa machine aucune action motrice utile.

Mais, à côté de ces néophytes, pour lesquels le point et l'angle mort sont une réalité, il existe de très nombreux vélocipédistes, tous les coureurs et tous les routiers et touristes tant soit peu exercés, qui pédalent de manière à ne laisser se produire aucun relâchement dans la chaîne, quelle que soit la position occupée par les pédales ; c'est ce que l'on appelle *pédaler rond*. Cette expression nécessite quelques explications.

La poussée F exercée par le pied sur une pédale de bicyclette tournant au bout de la manivelle O M autour de l'axe pédalier O (fig. 2), peut être, d'après les lois de la statique, décomposée en deux forces, l'une dirigée suivant la tangente au cercle décrit par la pédale, l'autre suivant le rayon correspondant. De ces deux forces, la première seule, ou composante tangentielle T, est utile à la propulsion de la machine ; la seconde ou composante normale N est perdue

pour le cycliste, détruite qu'elle est par la résistance de l'axe
pédalier ; elle est même nuisible à la facilité du roulement,
puisqu'elle tend à déverser l'axe pédalier hors de sa position
normale et à le coincer dans ses paliers à billes. Donc, si la
conformation des membres inférieurs de l'homme lui permet-
tait d'agir sur une pédale de bicyclette exactement suivant

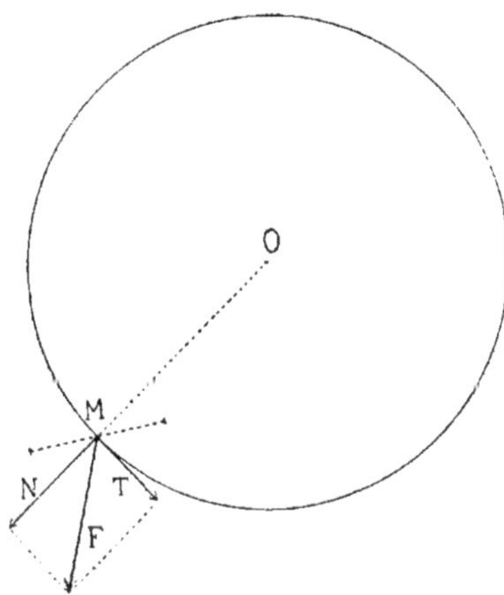

Fig. 2.

la tangente au cercle, il y aurait tout avantage à le faire.
Mais cette adaptation de la jambe à une fonction nouvelle
pour elle ne saurait être qu'incomplète. Aussi, dire qu'un
cycliste pédale rond, c'est dire qu'il s'efforce de donner à la
poussée de son pied une direction aussi voisine que possible
de la tangente au cercle décrit par la pédale, ou, ce qui revient
au même, de donner à la composante tangentielle, seule utile
à la propulsion, une valeur relative aussi grande qu'il peut
le faire *avec aisance.*

La théorie du coup de pédale, telle que nous venons de
l'exposer d'après M. Bourlet, ne peut évidemment pas s'appliquer au coup de pédale ainsi modifié par l'entraînement ;

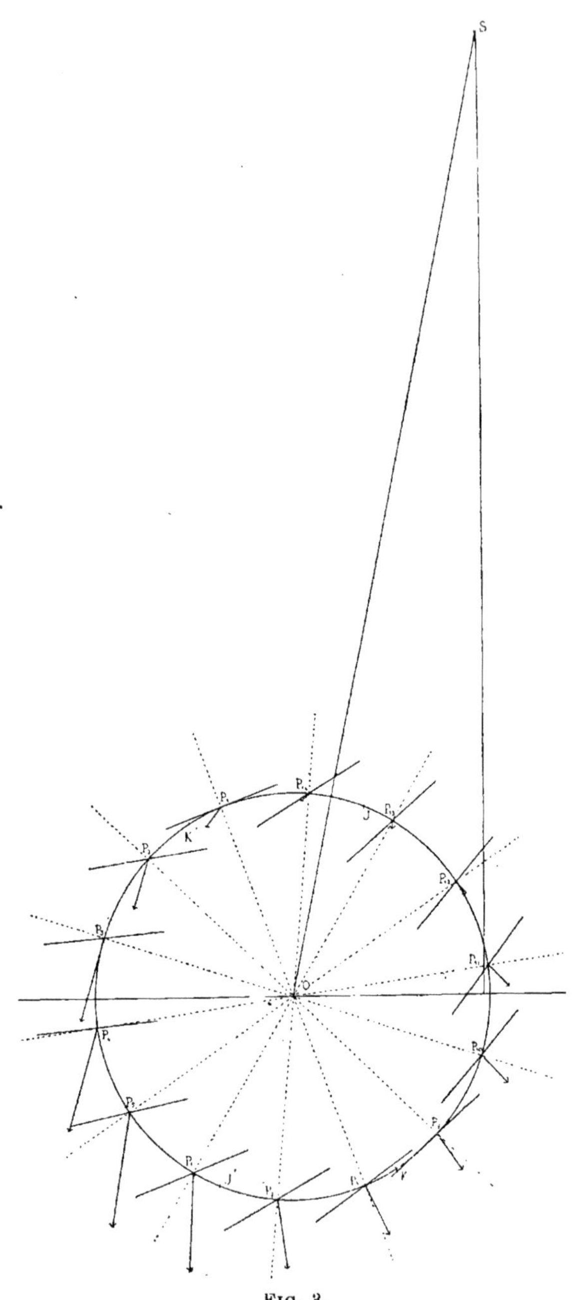

Fig. 3.

seules, les méthodes expérimentales sont susceptibles de nous fixer sur le mécanisme réel de la production du travail.

Considérons donc l'épure représentée ci-contre (fig. 3). Le sujet auquel se rapporte cette épure était un cycliste exercé, montant à bicyclette presque tous les jours depuis plusieurs années, du poids de 55 kilog., mesurant 1 m. 72 de taille ; le tracé dynamométrique qui a servi de base à l'épure a été pris, le 22 mai 1896, sur la piste du Vélodrome d'Hiver, à la vitesse de 34 kilom. 782 à l'heure ; enfin, la machine employée était une bicyclette de route du poids de 16 kilogrammes, munie de manivelles de 16 cent. 1/2 et développant 5 m. 65 par tour de pédales. Le pied considéré est le pied gauche, la machine supposée vue par la gauche et la rotation des pédales se fait par conséquent dans le sens inverse du mouvement des aiguilles d'une montre. Comme dans les figures schématiques représentées plus haut, S désigne le centre de l'articulation coxo-fémorale du cycliste, O le centre de son pédalier. Les différents éléments de l'épure sont réduits au 1/6 de leur grandeur réelle. Les lignes discontinues représentent les 14 positions de la manivelle relevées par la pédale dynamométrique et numérotées P_1, P_2, P_3, etc., P_{14} ; les lignes pleines figurent les positions correspondantes du plan de la pédale ; enfin, les flèches représentent en grandeur et en direction la poussée exercée par le pied sur cette pédale, à raison de 1/3 de m/m. par kilogramme.

Positions successives de la pédale. — On voit sur l'épure que les positions du plan de la pédale dans l'espace diffèrent très sensiblement de celles qu'on cherchait, il y a quelques années, à leur donner suivant les principes de ce qu'on appelait *l'ankle play* ou jeu de la cheville. Persuadés que dans un bon coup de pédale il ne doit pas y avoir de point mort, les cyclistes pratiquant l'ankle play s'attachaient à orienter leur

pédale de telle sorte, qu'en pressant à peu près normalement sur celle-ci, ils pussent exercer sur la manivelle une
action motrice utile, même pendant les phases défavorables
du coup de pédale.

A cet effet, pour les positions de la pédale correspondant
au point mort supérieur, ils baissaient fortement le talon,
donnant ainsi à la pédale une inclinaison marquée en arrière.
Au contraire, lorsqu'il s'agissait de franchir le point mort
inférieur, c'est la pointe du pied qui se portait vers le sol,
repoussant ainsi en arrière la pédale et la manivelle.

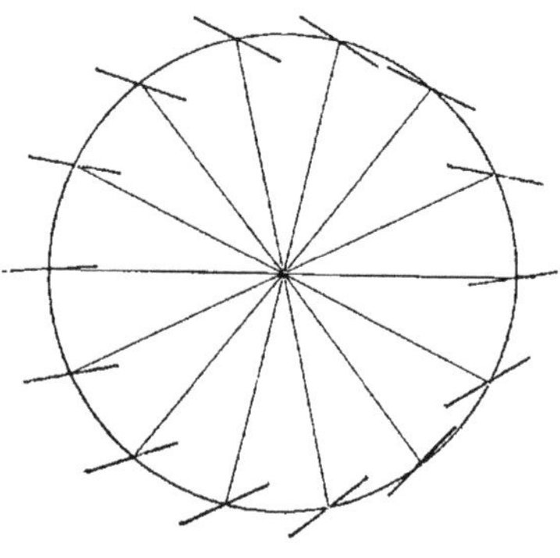

FIG. 4.

On se rend compte, sur la figure ci-contre (fig. 4), que la
pression du pied, exercée à peu près normalement sur une
pédale ainsi orientée, avait pour résultat une action motrice
utile sur la machine, et cela sans que le pied risquât de se
déplacer, soit en avant, soit en arrière, grâce à l'inclinaison
préventive donnée à celle-ci. On arrivait donc à pédaler
rond sans danger de perdre les pédales.

Mais, depuis l'introduction, dans la pratique courante, de
l'accessoire dénommé rattrape ou cale-pied, ce dernier résultat est devenu bien plus facile à obtenir, puisque la rattrape
empêche le pied de s'échapper en avant, et que, par conséquent,

on peut, pour franchir le point mort supérieur, développer sur la pédale un effort de glissement considérable. Aussi la généralisation de l'emploi de la rattrape a-t-elle marché de pair avec l'abandon de l'ankle play ; actuellement, tous les coureurs pédalent la pointe du pied basse, et le jeu de la cheville est réduit à sa plus simple expression ; c'était, en particulier, le cas du sujet dont nous nous occupons.

Ceci ne semble pas, au premier abord, confirmé par l'inspection de l'épure 3 ; on voit sur celle-ci que la pédale, presque horizontale pendant la phase descendante, est fortement inclinée en avant pendant la remontée, et l'on pourrait être tenté d'attribuer ce changement d'orientation à un mouvement qui aurait eu pour siège l'articulation tibio-tarsienne. Mais il faut remarquer que, pendant que la pédale remonte, l'axe de la jambe est dirigé en bas et très en arrière, d'où il résulte que si le pied est resté à peu près à angle droit avec la jambe, il est nécessairement incliné en bas et en avant. En fait, dans le coup de pédale considéré, les mouvements de l'articulation tibio-tarsienne étaient peu étendus, comme nous le verrons plus loin.

Direction de la poussée du pied. — La poussée totale du pied, c'est-à-dire le résultat de la composition des efforts normal et de glissement, est représentée sur la fig. 3 par des flèches, en grandeur et en direction, à raison de 1/3 m/m. par kilogramme. On constate aisément que cette poussée n'est pas, en général, normale à la pédale, comme beaucoup d'auteurs l'ont admis sans démonstration ; qu'en général, et sauf pour la position P_{13} et une position qui serait intermédiaire à P_1 et à P_2, elle ne passe pas non plus par le point S, direction qu'on est souvent tenté de lui assigner (1). Enfin, si

(1) Voir, en particulier, Dr Chenantais : Position normale et sa théorie. *Revue mensuelle du Touring-Club de France,* janvier et février 1896.

l'on se reporte à la fig. 7, page 35, où les positions successives de l'axe de la jambe seraient indiquées par les lignes $G_1 P_1$, $G_2 P_2$, $G_3 P_3$, etc., on constatera que les poussées exercées sur la pédale pour les positions correspondantes P_1, P_2, P_3, etc., ne sont pas dans le prolongement de ces mêmes droites. Il était donc légitime de supposer que l'assimilation de la jambe à une bielle n'était pas applicable à notre cycliste. D'une façon générale, on peut dire qu'il est illusoire de vouloir déterminer la direction de l'effort exercé par le membre inférieur, connaissant seulement la position relative de ses différents segments. La cuisse, la jambe et le pied sont pourvus d'un système de muscles moteurs si riche et si complet que, quelle que soit la position occupée par la pédale, il n'y a pas de direction suivant laquelle un cycliste habile ne puisse exercer son effort. Le fait est malaisé à mettre en évidence sur une bicyclette libre, mais sur une machine fixe, comme celle qui existe à la Station physiologique, la constatation est des plus faciles.

Cette possibilité de choisir arbitrairement la direction de la poussée du pied a été, comme nous allons le voir, utilisée par notre cycliste pour donner un coup de pédale qui se rapproche assez du coup de pédale *rond*. Considérons en effet la pédale dans les positions P_{14}, P_1, P_2, P_3, P_4, P_5, P_6, P_7, P_8. Pour toutes ces positions, la poussée du pied est dirigée de manière à concourir activement à la progression de la machine. Or, si l'on compare entre elles les directions de cette poussée aux points P_1 et P_8, par exemple, on voit que ces directions sont très différentes.

Après avoir été, au point P_1, dirigé en bas et en avant, l'effort du cycliste s'est peu à peu orienté vers l'arrière, pour se trouver, au point P_8, franchement dirigé en bas et en arrière. Sa direction a donc tourné dans le sens inverse de la rotation des aiguilles d'une montre, c'est-à-dire dans le sens même de la rotation de la tangente au cercle. Ce changement d'orientation de l'effort n'est pas négligeable, puisqu'il atteint 67° 1/2 pour la position P_8, comparée à la position P_1.

La conséquence est facile à saisir ; c'est que l'action du pied est restée utile, *positive*, depuis un point J (fig. 3), situé avant la position P_{14}, jusqu'à un point K, situé entre les points P_8 et P_9. Or, l'arc J K est, non pas plus petit qu'une demi-circonférence, mais plus grand. Il atteint 213° dans le cas de l'épure (fig. 3). Chez les débutants, c'est le contraire que l'on observe ; l'arc J K est moindre que 180° ; et, sur deux sujets qui ne savaient pas monter à bicyclette, et dont le tracé dynamométrique a été pris sur machine fixe, j'ai trouvé l'arc J K égal à 167° et 168°.

L'analyse de nombreux tracés dynamométriques m'a montré que l'action des deux pieds pouvait être considérée comme symétrique. Comme les pédales sont toujours diamétralement opposées, quand le pied gauche de notre sujet était en J et commençait son action utile, le pied droit était en J' et n'avait pas achevé la sienne ; les deux pieds concouraient donc à la progression de la machine pendant que les pédales parcouraient simultanément les arcs JK', J'K. Il en résulte que pour le cycliste considéré, l'ensemble mécanique constitué par les membres inférieurs et le pédalier ne possédait pas de point mort.

En l'absence de tracés dynamométriques assez nombreux, le simple fait d'observation cité plus haut, relatif à la chaîne de transmission des cyclistes exercés et des coureurs, permet d'affirmer qu'il en est de même pour ceux-là.

Aussi croyons-nous qu'aux dénominations de point et d'angle morts, il serait préférable de substituer l'expression point et angle *nuisibles* ; on exprimerait par là que la position correspondante des membres inférieurs est défavorable, sans être tenté de faire, avec les points morts absolus des systèmes que l'on décrit en mécanique appliquée, une assimilation illégitime, et applicable seulement aux débutants.

Intensité de la poussée du pied. — L'effort exercé sur la pédale varie, dans notre cas, et pour une révolution complète, dans des limites très étendues : de 2 kg. 500 (minimum, position P_{13}) à 47 kg. 500 (maximum, position P_5). Notons qu'il n'y a, pour un même tour de pédales, qu'un seul maximum et un seul minimum ; ce fait ne souffre d'exceptions que très rarement, et pour les sujets complètement inexercés. Remarquons, en outre, un fait intéressant : c'est que le maximum de la poussée du pied n'a pas lieu lorsque les pédales se trouvent dans la position la plus favorable.

Si le maximum ne l'effort avait lieu à l'instant *optimum*, c'est au point P_3 que l'effort aurait dû être le plus considérable ; or, il n'en est rien, et tandis qu'au point P_3 l'effort n'a pas dépassé 36 kg., il a atteint 47 kg. 500 pour la position P_5. Il semble que les muscles *arrivent en retard*, qu'ils ne réalisent leur maximum de tension qu'après l'instant où ce maximum eût pu être utilisé de la meilleure façon.

Chez les cyclistes peu entraînés, ce retard dans le maximum de l'effort est bien plus considérable encore. Les deux sujets que j'ai cités plus haut, et qui n'étaient jamais montés à bicyclette, examinés à l'aide de la pédale dynamométrique sur une machine fixe, ont présenté leur maximum de poussée, non plus à la position P_5, mais à la position P_7. C'est que, chez les débutants, c'est le cerveau qui préside à l'acte de pédaler ; et ses ordres ne parviennent aux divers groupes musculaires qu'après que l'instant optimum est passé pour ceux-ci. L'entraînement, comme l'a écrit très justement le Dr Guillemet dans sa thèse inaugurale, a pour effet de substituer le réflexe au mouvement volontaire, la moelle épinière au cerveau ; et ici comme toujours, le mouvement réflexe est, en rapidité et en précision d'exécution, bien supérieur à celui qui nécessite l'intervention de la volonté.

Contre-pression. — Une autre constatation se dégage de l'inspection de l'épure (fig. 3) ; c'est que, pendant la remontée de la pédale, la poussée du pied n'est pas nulle. Habituée à supporter, dans la station verticale et la marche, des efforts considérables, la plante du pied est très peu sensible aux petites pressions ; aussi, peu de cyclistes se doutent de la contre-pression qu'ils exercent sur la pédale remontante, et qui a pour effet de retarder le mouvement de la machine. Là, encore, nous retrouvons l'influence de l'entraînement ; tandis que, chez les débutants, la contre-pression s'élève souvent à 14 et 15 kg., je l'ai rarement vue dépasser 10 chez les sujets bien entraînés, et encore ceci avait-il lieu aux allures lentes, pour lesquelles le cycliste était moins attentif à bien donner le coup de pédale.

Dans le cas de l'épure (fig. 3), qui correspond à une vitesse assez grande (34 km. 782 m. à l'heure), le minimum de la contre-pression a lieu à la position P_{13}, et il n'est que de 2 kg. 5. Pour les positions P_9 et P_{10}, la contre-pression est beaucoup plus considérable (18 kg. 500 et 16 kg. 500), mais il faut remarquer que l'effort qui contrarie la progression de la bicyclette n'est pas l'effort nuisible total, mais bien sa composante tangentielle.

Si l'on estime la contre-pression suivant la tangente correspondante, on ne la trouve plus que de 3 kg. 500 pour la position P_9 et 7 kg. 500 pour la position P_{10}.

Quelle est la cause de cette contre-pression ? Pour les positions voisines du point nuisible inférieur, telles que P_9, P_{10}, P_{11}, il est vraisemblable qu'il s'agit d'une persistance de la contraction des extenseurs du membre inférieur au delà du terme voulu ;

il se passe là un fait analogue à celui que nous avons constaté pour le maximum de la poussée utile ; les muscles arrivent en retard pour suspendre leur contraction, comme ils avaient été en retard pour la produire. Le simple fait, que la poussée du pied est supérieure au poids du membre inférieur, comme nous allons le voir, montre bien, du reste, qu'il y a participation des muscles. Là se montre de nouveau l'influence de l'entraînement sur la perfection du coup de pédale ; chez les sujets complètement inexercés, on voit la contre-pression conserver une valeur considérable pendant toute la période de remontée ; ces cyclistes n'arrivent pas à supprimer la contraction des extenseurs de leurs membres inférieurs pendant la phase où cette contraction est nuisible.

Mais, à côté de cette cause de poussée à contre-sens, il y en a une autre, dont l'influence a été bien étudiée par M. Perrache, dans un de ses articles publiés par le journal *La Bicyclette* et intitulé « Poids des jambes » ; c'est le poids de la jambe elle-même. En se mettant en selle sur une machine fixe, sans chaîne, M. Perrache cherche quelle masse il faut suspendre à l'une des pédales pour faire équilibre au pied unique placé sur l'autre. Il trouve, pour ce poids, une valeur variable suivant la position des pédales ; lorsque la jambe est en haut de sa course, elle n'est équilibrée que par un poids de 8 kg. 300 ; tandis qu'une masse de 6 kg. suffit quand les manivelles sont horizontales. En appliquant le même procédé à notre sujet, nous avons trouvé des chiffres un peu différents, 8 kg. d'une part, 6 kg. 200 de l'autre. On doit donc admettre que, pour la position P_{11}, par exemple, où la contre-pression est de 13 kg. (manivelle à peu près horizontale), 6 kg. 200 doivent être attribués au poids de la jambe et les 6 kg. 800 de surplus sont le résultat d'une contraction musculaire ayant persisté au delà des limites théoriques. Pour les positions suivantes, P_{12} et P_{13}, la contre-pression tombe à 7 kg. et 2 kg.

500; elle devient donc, pour la position P_{13}, inférieure au poids de la jambe; notre sujet a donc cherché à relever activement son membre inférieur au moyen de ses muscles fléchisseurs de la cuisse.

Remarquons que, là encore, la contraction musculaire est arrivée en retard. Ce n'est pas à la position P_{13} qu'il eût été le plus avantageux de la faire intervenir, mais bien vers les positions P_{10} et P_{11}, où la manivelle est voisine de l'horizontale, et où, par suite, la pression du pied à contre-sens sur la pédale a le maximum d'inconvénients.

Doit-on chercher à annuler complètement la contre-pression? Pour les allures modérées de la promenade et du tourisme, nous ne le pensons pas. Sous ce rapport, un cycliste est comparable en tous points à un homme employé à faire tourner, par exemple, la roue d'une pompe élévatoire. Si l'effort demandé n'est pas trop considérable, on pourra constater, par une observation attentive, ce fait, vérifié d'ailleurs par la dynamométrie, que, pendant que la manivelle remonte, notre manœuvre laisse une partie du poids de ses bras et de son buste reposer sur cette manivelle. Il emprunte ainsi au volant qu'il actionne, pour franchir la phase défavorable de la révolution, une partie de l'impulsion qu'il lui avait communiquée pendant la phase favorable. Ce n'est que si l'on imposait à un homme ainsi employé comme moteur un travail considérable, par exemple en lui faisant actionner, seul, une pompe prévue pour deux hommes, qu'on le verrait, pendant la remontée de la manivelle, soulager complètement celle-ci de toute pression à contre-sens, ou même chercher à la relever à l'aide de ses muscles extenseurs de la colonne vertébrale et fléchisseurs des avant-bras.

Rendement. — Nous avons vu plus haut que, dans l'effort total exercé par le pied, une partie seulement, la composante tangentielle, était à considérer pour la propulsion de la machine, et que la composante normale était perdue pour la propulsion. D'autre part, nous venons de voir qu'en dehors de cette composante normale au cercle décrit par la pédale, il y avait des efforts non seulement inutiles, mais nuisibles, qui constituent ce que nous avons appelé la contre-pression. Il est donc à prévoir que, dans le coup de pédale, il y a un déchet considérable de force. On précise ce déchet à l'aide de la notion du *rendement*.

M. Bourlet propose de définir le rendement : « le rapport « entre le travail qu'un cycliste a réellement produit et celui « qu'il aurait pu produire s'il avait utilisé toute la pression « qu'il a fournie ». Si l'on fait ce calcul pour le cas particulier du coup de pédale de notre épure, on trouve que le rendement était égal à 0,45. Il est donc très inférieur à l'unité. D'une façon générale, la discussion de tracés dynamométriques qui ont été relevés sur cinq sujets à des degrés variables d'entraînement m'a montré :

Que le rendement est d'autant plus élevé que le sujet est mieux entraîné ;

Que, pour un même sujet considéré à deux allures différentes, le rendement est d'autant plus élevé que l'allure est plus rapide. Je rappelle ici que, dans mes expériences, les vitesses réalisées n'ont jamais dépassé 35 kilom. à l'heure ; dans ces limites de vitesse, le rendement croît avec le travail fourni dans une seconde ; mais il est possible et même probable que, pour des vitesses plus considérables, pour celles de *l'emballage,* le rendement subisse au contraire une diminution.

Ce fait, que le rendement est plus élevé pour les allures rapides, s'explique assez simplement ; il tient à l'existence de la contre-pression. Comme l'a fait remarquer M. Perrache dans son article sur le poids des jambes, cité plus haut, lorsque le travail à fournir à la machine est peu considérable, le cycliste laisse la jambe inactive peser de tout son poids sur la pédale remontante ; le travail ainsi dépensé pour l'ascension de cette jambe n'est pas perdu, puisqu'il sera intégralement restitué, ou peu s'en faut, lorsqu'elle viendra à s'abaisser à son tour. Mais qu'une cause quelconque vienne à nécessiter de sa part une allure plus rapide, et tout comme le manœuvre tournant une roue, cité plus haut, notre cycliste cherchera à relever activement la jambe remontante à l'aide de ses muscles fléchisseurs ; par ce moyen, il répartira le travail à produire sur un plus grand nombre de muscles, et diminuera ainsi, pour chacun d'eux, les effets de la courbature musculaire. On peut dire, en définitive, qu'étant donné un certain travail à produire par coup de pédale, il y a, pour un cycliste, une infinité de façons de le réaliser, suivant qu'il ne fait pas ou fait intervenir plus ou moins ses muscles fléchisseurs. Il peut renoncer complètement à utiliser ses muscles fléchisseurs et travailler uniquement à l'aide de ses extenseurs, ou bien, au contraire, utiliser ses fléchisseurs au maximum en ne laissant pas le pied presser sur la pédale remontante. Dans le second cas, le rendement sera beaucoup plus élevé ; mais, dans les deux cas, la dépense physiologique sera à peu près la même ; aussi, et c'est là que nous voulions en venir, la notion du rendement ne doit pas être interprétée d'une façon trop absolue. Pour que la connaissance du rendement eût toute sa valeur, il faudrait que l'on pût, dans les poussées constatées à l'aide de la pédale dynamométrique, faire le départ entre celles qui correspondent à un effort vraiment actif, c'est-à-dire à une dépense physiologique, et celles qui résultent simplement du poids de la jambe. Il est donc illusoire de vouloir, dans l'étude du mécanisme du coup de pédale, conserver au mot rendement, tel que l'a défini M. Bourlet, le sens très précis qu'il possède en mécanique appliquée. Lorsqu'on parle, par exemple, du rendement d'une machine à vapeur, on est en droit de le définir comme le rapport qui existe entre le travail réellement produit par la machine et celui qu'elle aurait développé si toute la chaleur produite par la combustion du charbon avait été transformée en travail. En faisant cela, on compare entre elles deux grandeurs de même ordre, de l'énergie calorifique d'une part, et du travail mécanique d'autre part. Les conditions ne sont pas tout à fait les mêmes pour le rendement du coup de pédale. Dans la poussée exercée sur la pédale se trouvent associés plusieurs éléments très divers. Tout d'abord, la contraction musculaire active, qui représente réellement le produit des combustions opérées dans la machine humaine; mais, ensuite, la simple élasticité des muscles distendus ou incomplètement détendus, qui ne correspond nullement à une dépense physiologique du même ordre que la contraction. Enfin, le poids de la jambe, et, aux grandes vitesses, peut-être les forces centrifuges dues aux mouvements des pieds et des jambes, peuvent faire naître des pressions auxquelles les muscles du cycliste ne collaborent que d'une façon très indirecte. Pour le poids de la jambe, le muscle triceps sural, ou muscle du mollet, contribue à le transmettre à la pédale en maintenant l'extension du pied : mais quelle dépense représente, pour l'organisme, cette contraction statique du triceps sural ?

La véritable définition du rendement pourra être donnée le jour où nous posséderons un moyen sûr d'évaluer expérimentalement la dépense physiologique d'un cycliste pour la production d'une quantité déterminée de travail. J'avais espéré trouver ce moyen dans la mesure des quantités d'acide carbonique et d'eau éliminés par un cycliste astreint à un travail donné ; mais les difficultés expérimentales excessives m'ont fait renoncer à ce projet. Tant que nous ne pourrons pas prendre, pour la dépense physiologique d'un cycliste. une base d'évaluation de ce genre, il faudra nous contenter de la définition que M. Bourlet a donnée du rendement ; malgré son sens un peu conventionnel. cette notion est certainement appelée à rendre des services. et il faut savoir gré à cet auteur de nous avoir donné ce terme de comparaison, bien qu'il ne soit peut-être que provisoire.

CHAPITRE III

Analyse cinématique du coup de pédale.

Les épures telles que celle qui est représentée fig. 3 ne sont pas tout ce que l'on peut tirer de l'analyse d'un tracé de la pédale dynamométrique. On peut se proposer d'aller plus loin, et chercher à reconstituer, d'après les positions du plan de la pédale dans l'espace, les attitudes correspondantes des différents segments du membre inférieur.

Pour cela, à la vérité, il faut supposer deux choses :

1° Que, dans le coup de pédale, les mouvements des articulations du pied autres que la tibio-tarsienne sont négligeables ; en d'autres termes, que la plante du pied est rigide, depuis le calcanéum jusqu'à l'extrémité des orteils ;

2° Que le bassin conserve sur la selle une position relative invariable.

Ces deux hypothèses ne correspondent pas exactement à la réalité ; mais, comme elles donnent une approximation suffisante pour des recherches de cet ordre, nous nous sommes cru fondé à les faire.

Ceci posé, nous avons admis les points suivants :

1° Que, pour l'articulation coxo-fémorale, le centre de mouvement correspondait, sur la peau, à un point situé à 1/2 centim. au-dessous du milieu du bord supérieur du grand trochanter, déterminé par la palpation (S, fig. 5) ;

2° Pour le genou, le choix du centre articulaire était moins simple ; on sait en effet que la surface articulaire des condyles

fémoraux présente une courbure antéro-postérieure variable,
le rayon de courbure allant sans cesse en décroissant d'avant
en arrière. Nous avons considéré, dans les surfaces articulaires des condyles, la partie qui est en rapport avec les
cavités glénoïdes du tibia lorsque le genou est fléchi dans une

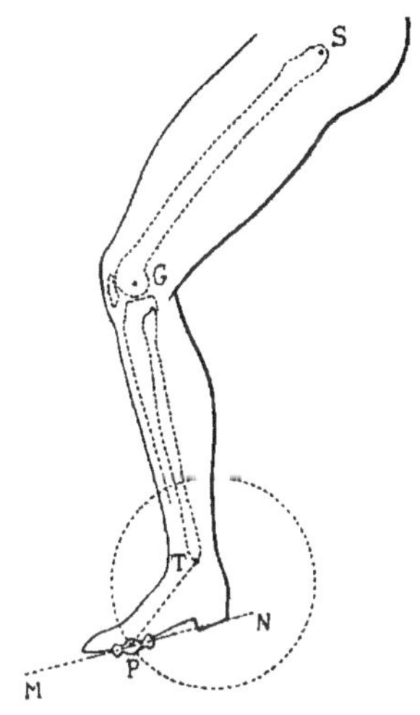

FIG. 5.

position également distante des deux positions extrêmes
qu'il occupe dans le coup de pédale, et nous avons pris pour
centre articulaire (G, fig. 5), le centre de courbure de la portion de surface cartilagineuse ainsi isolée. Cette détermination
se fait sur le condyle externe, sur lequel il existe moins de par-
tiesmolles. Comme longueur de la cuisse, nous avons, par
suite, adopté la distance séparant le point précité de celui admis
comme correspondant au centre articulaire coxo-fémoral ;

3° Pour l'articulation tibio-tarsienne, le point choisi (T,
fig. 5) comme correspondant, sur la peau, à l'axe articulaire,
a été la pointe de la malléole externe ; la longueur admise

pour la jambe a été, par conséquent, la distance séparant la
pointe de la malléole du centre articulaire condylien.

Ensuite, le sujet étant en selle sur une bicyclette fixe, le
pied sur la pédale, et fléchi à angle droit sur la jambe, nous
avons mesuré la longueur de la droite TP joignant la malléole externe à l'extrémité de l'axe de la pédale, et relevé
l'angle que fait cette droite avec le plan de la pédale (TPN,
fig. 5) ; en vertu de notre hypothèse sur l'immobilité des articulations du pied autres que la tibio-tarsienne, cet angle est
constant.

Ces données sont suffisantes pour reconstituer graphiquement les différentes attitudes du membre inférieur corres-

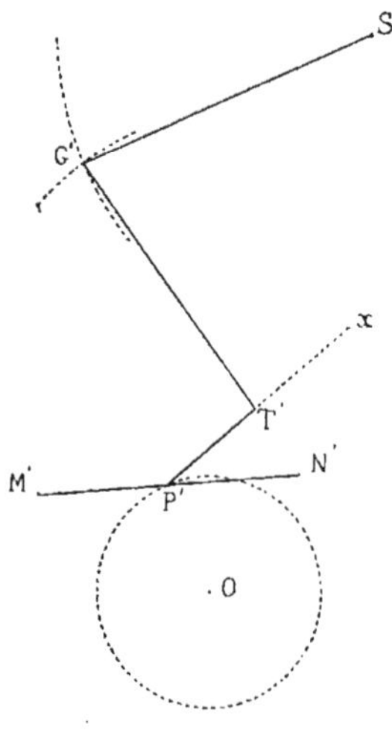

FIG. 6.

pondant aux positions successives de la pédale. Soient, en effet,
(fig. 6) M'P'N', la pédale dans une position quelconque et S
le centre articulaire coxo-fémoral.

Par le point P', menons une droite faisant avec M'N' un
angle N'P'x égal à TPN ; portons sur la droite ainsi tracée la

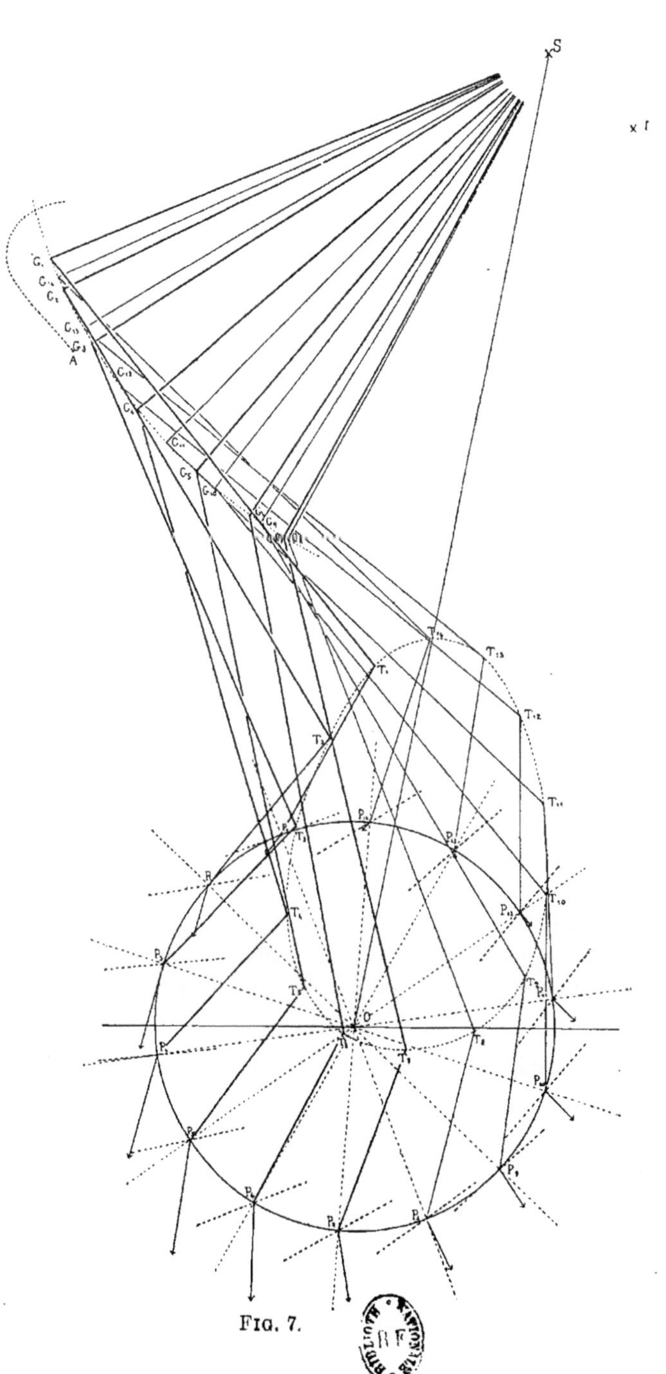

FIG. 7.

longueur P'T' égale à PT ; le point T' se trouve ainsi parfaitement déterminé en position. Ensuite, du point S comme centre, avec un rayon égal à la longueur de la cuisse, traçons un arc de cercle ; coupons cet arc de cercle par un deuxième décrit du point T' avec un rayon égal à la longueur de la jambe ; l'intersection de ces deux arcs de cercle donne le point G', lequel représente la position correspondante du genou.

Si, nous reportant à l'épure (p. 18), nous effectuons la même construction pour chacune des positions P_1, P_2, P_3,..., etc., P_{14} de la pédale, nous obtiendrons pour le centre articulaire tibio-tarsien les positions T_1, T_2, T_3,... etc., T_{14} ; et pour le centre articulaire du genou les positions G_1, G_2, G_3, ... etc., G_{14} ; le résultat de ces constructions est représenté par la fig. 7.

Dans cette seconde épure, nous avons conservé les mêmes lettres et les mêmes conventions graphiques que dans la fig. 3, sauf que les positions de la pédale ont été représentées en trait pointillé au lieu de trait plein. La partie surajoutée à la fig. 3 est constituée par le réseau de lignes brisées $SG_1 T_1 P_1$, $SG_2 T_2 P_2$, $SG_3 T_3 P_3$,... etc., $SG_{14} T_{14} P_{14}$, qui schématisent les attitudes du membre inférieur. De ces lignes brisées, celles qui correspondent à la descente de la pédale sont en trait plein ; celles figurant la jambe remontante sont en trait plus fin.

Pour éviter un enchevêtrement de lignes par trop compliqué, chaque fois que deux lignes représentant la jambe ou la cuisse se coupent, nous avons interrompu celle correspondant à la position dont le numéro est le plus fort ; enfin, nous nous sommes abstenu de prolonger jusqu'au point 'S les droites SG_1, SG_2, SG_3,... etc., SG_{14}, qui émanent réellement de ce point.

Amplitude des mouvements articulaires. — Pour l'articulation coxo-fémorale, l'étendue des mouvements alternatifs de flexion et d'extension est de 40°. Cette amplitude n'est nullement exagérée, comme l'ont écrit certains auteurs ; elle reste bien au-dessous de celles que l'on observe dans la marche (60° ènviron), et à plus forte raison dans la course, où l'on voit la cuisse parcourir, dans ses excursions, un secteur d'environ 110°.

Pour le genou, les valeurs minima et maxima de l'angle de flexion sont $SG_{14} T_{14}$ égal à 67° et $SG_7 T_7$ égal à 137° ; l'amplitude des mouvements de l'articulation du genou est donc de 137-67 ou 70°, ce qui n'a encore rien d'excessif. Enfin, pour l'articulation tibio-tarsienne, la flexion extrême correspond à la position $G_2 T_2 P_2$ (108°), l'extension extrême à la position $G_7 T_7 P_7$ (146°) ; la différence est de 38°, ce qui est encore loin d'atteindre les limites de la mobilité du cou de-pied. C'est donc faire à la vélocipédie un reproche absolument injustifié que de l'accuser d'exiger, de la part des membres inférieurs, des mouvements d'une étendue excessive, puisque ces mouvements sont, dans le coup de pédale, très inférieurs en amplitude à ceux que l'on observe dans des allures physiologiques s'il en fut, la marche et la course par exemple.

On notera le synchronisme qui existe pour l'extension extrême du genou et du cou-de-pied ($SG_7 T_7$ et $G_7 T_7 P_7$) et, au contraire, le léger retard du maximum de flexion du cou-de-pied ($G_2 T_2 P_2$) sur le maximum de flexion du genou ($SG_{14} T_{14}$).

On a sans doute remarqué que l'angle $SG_7 T_7$ (137°), qui représente le maximum d'extension du genou, est encore très loin de l'extension totale. Il ne faudrait pas être tenté de voir là une erreur d'expérience : ce fait correspond bien à la réalité. Jamais on ne voit un cycliste exercé pédaler de manière à franchir le point nuisible inférieur dans l'extension complète.

Les jeunes gens qui s'imaginent imiter les coureurs en plaçant leur selle très haut, ce qui les force à étendre complètement la jambe sur la cuisse et le pied sur la jambe, montrent qu'ils n'ont jamais bien regardé ceux qu'ils prétendent prendre pour modèles. La raison pour laquelle les coureurs s'abstiennent de *monter haut* est facile à saisir.

Plaçons un livre ouvert à plat sur une table, la couverture et le dos en l'air, et cherchons à rapprocher les deux bords extrêmes de la couverture en fléchissant l'articulation de celle-ci. Nous pourrons constater que lorsqu'on part de l'extension complète, un rapprochement des bords de la couverture de 1 cm., par exemple, provoque dans le dos de celle-ci une flexion bien plus considérable que si l'on opère le même rapprochement sur un livre presque complètement fermé. L'expérience directe montre d'ailleurs qu'une allure vive, réalisée à bicyclette, donne lieu, dans le genou, à des réactions bien plus violentes lorsque la selle est placée trop haut. Aussi, les coureurs professionnels, appelés à réaliser des cadences extrêmement vives, évitent-ils soigneusement de monter haut et placent leur selle plutôt plus bas que la grande majorité des touristes et des simples cyclistes. Pour ceux-ci, la règle admise généralement consiste à fixer la hauteur de la selle de telle sorte que le cycliste en position puisse, du talon de sa jambe, étendue sans raideur, toucher facilement la pédale placée au plus bas de sa course : lorsqu'ensuite le cycliste recule son pied pour chausser normalement la pédale, un léger degré d'extension du cou-de-pied lui permettra de franchir ce même point en conservant à l'articulation du genou le degré de flexion nécessaire à la bonne exécution du mouvement.

Il ne faudrait pas, d'ailleurs, exagérer cette flexion, qui ne serait pas sans inconvénients ; en effet, nos membres inférieurs n'ont pas, pour toutes leurs positions, la même puissance d'extension. Si l'on se place en position accroupie sur la pointe des pieds, les fesses touchant les talons et les genoux par conséquent fléchis au maximum, on pourra constater qu'il suffit d'une surcharge relativement minime, appliquée sur les épaules, pour que les extenseurs deviennent impuissants à soulever le corps. Au contraire, si l'on se place debout, les articulations des genoux étant très légèrement fléchies, ces mêmes extenseurs seront capables de développer un effort de soulèvement incomparablement plus grand.

En somme, les positions du membre inférieur voisines de l'extension sont les positions de *force*, et celles dans lesquelles il y a un degré marqué de flexion sont les positions de souplesse et, par conséquent, de *vitesse*. Là comme toujours, il faut chercher à tenir la balance égale entre les deux, et éviter de sacrifier l'une en voulant trop gagner de l'autre.

Nous avons vu que l'étendue des mouvements exécutés par l'articulation du cou-de-pied est, chez notre sujet, assez restreinte (38°). Comme je l'ai dit plus haut à propos de l'ankle play, c'est là le cas de presque tous les cyclistes exercés, depuis la généralisation de l'emploi de la rattrape ; le jeu de la cheville a perdu beaucoup de son utilité.

Trajectoires de quelques points remarquables, et vitesse de leurs mouvements sur la trajectoire. — Le point S, qui correspond à l'articulation coxo-fémorale, est fixe ; le point P, en axe de la pédale, décrit un cercle, d'un mouvement uniforme : quelles vont être les trajectoires des points intermédiaires G (genou) et T (centre articulaire tibio-tarsien, ou pointe de la malléole externe) ?

Il est clair que le point G ne peut décrire qu'un arc de cercle, puisqu'il est invariablement lié au point fixe S par le fémur ; mais la trajectoire du point T est assez imprévue ; c'est un ovale à grand diamètre à peu près vertical très

sensiblement égal au diamètre du cercle décrit par la pédale ;
quant au petit diamètre, sa longueur est à peu près les deux
tiers du diamètre précédent. Si l'on mesure sur l'épure les
distances des points consécutifs T_1, T_2, T_3... etc., T_{14}, on voit
que ces points sont plus rapprochés aux extrémités du dia-
mètre vertical de l'ovale précité : la vitesse linéaire du centre
articulaire tibio-tarsien est donc minima lors du passage aux
points nuisibles inférieur et supérieur, et les portions de l'ovale
qui présentent le plus petit rayon de courbure sont précisément celles qui sont parcourues par le point T avec la
moindre vitesse ; condition éminemment propice à la rapidité
du mouvement.

Quant au centre articulaire du genou, sa trajectoire est un
arc de cercle aux extrémités duquel il y a rebroussement pur
et simple. Mais ce rebroussement se fait d'une façon tout à fait
progressive. Considérons par exemple les deux points consécutifs G_4 et G_5 situés vers la partie moyenne de l'arc parcouru.
Vu la petitesse de l'arc $G_4 G_5$, nous pouvons nous contenter
de le mesurer par sa corde, ce qui, en tenant compte de
l'échelle de l'épure, donne 70 m/m. Or, à l'allure à laquelle
marchait notre sujet (34 kilom., 782 à l'heure), et avec le développement dont était munie sa machine, l'intervalle de temps
séparant deux positions consécutives était, tous calculs faits,
de 1/24 de seconde. Donc, entre les positions G_4 et G_5, le
point G a marché avec une vitesse de 70 m/m en 1/24 de
seconde, ou 1^m,68 par seconde.

Cette vitesse, imprimée au genou, vers le milieu de sa course,
est considérable, et si elle persistait jusqu'aux extrémités
de l'arc parcouru, il en résulterait des commotions absolument intolérables.

Mais il n'en est rien. Si l'on mesure, en effet, la distance
des deux positions G_6 et G_7, on ne trouve plus, en tenant
compte de l'échelle, que 33 m/m, ce qui donne pour le point G

une vitesse linéaire moyenne de 0 m. 79 par seconde ; enfin, entre les points G_7 et G_8, la lenteur du mouvement a été extrême, puisque le chemin parcouru en 1/24 de seconde a été de 4 m/m seulement, d'où résulte pour le point G une vitesse linéaire moyenne de 0 m. 096 par seconde.

L'épure nous montre donc que les changements de sens du mouvement du genou, aux extrémités de l'arc qu'il parcourt, se font d'une façon progressive, continue, sans aucun à-coup, fait que la géométrie démontrerait facilement et qu'on aurait pu, en particulier, conclure de l'assimilation de la jambe à une bielle, ce qui montre qu'à condition de n'être pas trop généralisée, l'hypothèse de M. Bourlet peut rendre de très grands services.

C'est là un fait favorable à la rapidité de la cadence, qui doit être rapproché de celui que nous avons précédemment constaté, relativement aux vitesses linéaires du point T sur sa trajectoire ovoïde. Aussi peut-on prévoir que, bien que l'acte de pédaler soit, pour les membres inférieurs, un mouvement nouveau pour lequel ils ne sont pas spécialement adaptés, ceux-ci seront capables de réaliser des cadences très rapides, plus rapides même que celles de mouvements dits physiologiques, la marche, par exemple. Tandis que, dans la marche, les pieds exécutent *chacun pour son propre compte* un mouvement pendulaire, accompagné de percussions brusques au moment du poser des pieds, dans le coup de pédale, les flexions et extensions sont reliées par des phases de vitesses progressivement décroissantes jusqu'à zéro, puis augmentant ensuite avec une lenteur relative. Aussi, à égalité d'entraînement pour la marche et pour le cycle, un même sujet est-il capable de donner beaucoup plus de coups de pédale (ou de demi-tours) que de pas. Personnellement, il m'a été possible, sur une bicyclette fixe (munie comme roue arrière d'un volant de fonte) de réaliser pendant 15 secondes la cadence extrêmement rapide de 195 tours de pédales en une minute ou 390 coups ; tandis qu'à la marche, et même en faisant des pas très petits, je n'ai jamais pu dépasser le chiffre de 225 pas. Si l'on considère des cadences moins précipitées, l'inégalité est peut-être plus évidente encore. Presque tous les cyclistes sont capables, avec un peu d'entraînement, de pédaler pendant des heures à 90 tours par minute, soit 180 coups, sur une bicyclette peu multipliée roulant à plat ou une machine fixe ; tandis qu'à la marche, cette même cadence 180 constitue un véritable pas de charge.

Plusieurs auteurs ont cependant essayé d'utiliser l'analogie apparente du pas du piéton et du *pas cycliste*, et de déduire les cadences les meilleures pour le cycle de celles reconnues telles pour la marche. Tel a été le cas de M. Bouard, et, plus récemment, de M. Reeb ; enfin, de M. Collet, dans son petit opuscule, d'ailleurs excellent. Nous croyons qu'il faudrait, une bonne fois, renoncer à cette comparaison et convenir, avec M. Perrache, que « l'analogie qu'on cherche à établir entre le « marcheur et le piéton est absolument trompeuse ; si les « deux concordent aujourd'hui avec les multiplications moyen- « nes de 4 m. 50, c'est par pur hasard ».

CHAPITRE IV

Essai d'une physiologie musculaire du coup de pédale.

Procédé des mensurations successives. — On peut aller
plus loin encore dans l'analyse de notre épure, et lui demander
de nous donner des indications sur le rôle individuel des principaux muscles moteurs du membre inférieur. Cette méthode
ne nous est pas personnelle, et c'est pour avoir vu le Pr Marey
se livrer à des recherches du même genre, sur des épures con-
cernant des animaux, que l'idée nous est venue de l'appliquer
au cyclisme ; voici en quoi elle consiste :

Étant donnée l'épure d'ensemble d'une série de positions
d'un membre, on commence par marquer, pour chacune des
positions représentées, l'emplacement exact occupé par les
insertions des principaux muscles. Là se présente déjà une
difficulté, et l'on est obligé d'éliminer certains muscles dont
l'insertion ne peut être déterminée avec une précision suffisante ;
d'autres qui ne s'insèrent pas sur des points fixés en position
relativement à la charpente osseuse ; par exemple, ceux qui
prennent attache sur des aponévroses imparfaitement fixées.
Il faut également renoncer à étudier ceux dont les tendons
terminaux se réfléchissent dans des coulisses tendineuses présentant une certaine laxité. Ceux qui se réfléchissent sur des
gouttières osseuses peuvent être utilisés, à condition de
tenir compte de leur réflexion dans les mensurations que l'on
effectuera plus tard.

On mesure ensuite, pour chaque muscle, la distance qui

existe entre ses deux points d'insertion, pour chacune des positions de l'épure, en tenant compte de la réflexion du tendon, s'il y a lieu, et l'on obtient ainsi une série de chiffres exprimant les variations de longueur du muscle considéré. On peut grouper ces chiffres sous forme de tableaux, mais il sera en général préférable de les représenter graphiquement par une courbe qui, à parler rigoureusement, sera la courbe des *rapprochements des insertions musculaires*. Pour aller plus loin, il est nécessaire de faire une hypothèse.

Lorsque les extrémités d'un muscle se rapprochent, cela indique que le mouvement exécuté à ce moment par le membre considéré est précisément celui que ce même muscle aurait été capable de produire ; nous admettrons, et c'est là le point un peu délicat, que non seulement le muscle *pourrait* se contracter, mais qu'il se contracte réellement. Par exemple, si la méthode de M. Marey, appliquée au coup de pédale représenté fig. 7, nous montre que, de la position 2 à la position 7, les insertions du muscles soléaire se sont rapprochées, nous pourrons *affirmer* que, si le soléaire s'est contracté à ce moment, il l'a fait d'une façon utile, et nous pourrons *supposer*, avec une grande vraisemblance, que la contraction a réellement existé et qu'il ne s'agit pas d'un simple raccourcissement passif.

Ce procédé peut sembler très inférieur à la myographie, c'est-à-dire à l'exploration de la contraction musculaire à l'aide d'appareils enregistreurs appliqués sur le membre ; mais outre que leur emploi présente de sérieuses difficultés, la myographie n'est pas, elle non plus, une méthode inattaquable en principe. Elle consiste à supposer que le *durcissement* d'un muscle révèle sa contraction ; or cela n'est pas toujours vrai, et l'on peut voir un muscle durcir pendant qu'il s'allonge, c'est-à-dire pendant que s'exécute un mouvement à la production duquel il ne concourt certainement pas.

En somme, l'application du procédé des mensurations successives permet d'édifier une physiologie musculaire du coup de pédale qui est, au sens strict des mots, purement théorique, mais dont l'application à la pratique présente le plus grand degré de vraisemblance.

Pour l'étude que nous nous proposons de faire, nous avons fait choix des muscles suivants, pour lesquels la détermination des insertions musculaires pouvait être faite avec le minimum de chances d'erreur :

1° Le droit antérieur du quadriceps fémoral ;

2° Les vastes interne et externe de ce même muscle, qui, présentant une insertion inférieure commune et des insertions supérieures symétriquement juxtaposées sur un même os, nous ont paru pouvoir être réunis ;

3° Le demi-tendineux ;

4° Le demi-membraneux et la longue portion du biceps, que nous avons également associés, leurs insertions supérieures étant à peu près confondues, et leurs insertions inférieures se faisant sur le squelette de la jambe en des points que nous avons cru pouvoir considérer comme symétriques ;

5° Les deux jumeaux du triceps sural ;

6° Le soléaire.

Détermination des insertions musculaires. — Pour les insertions qui se font sur le bassin, nous avons pris comme point de repère l'épine iliaque antérieure et supérieure, facile à déterminer par la palpation sur le vivant, et le point déjà utilisé comme marquant sur la peau le centre de la cavité cotyloïde, à savoir un point situé à 1/2 centim. au-dessous du bord supérieur du grand trochanter.

La ligne réunissant ces deux points se confond très sensiblement avec celle que l'on décrit en anatomie topographique sous le nom de ligne de Nélaton, laquelle, on le sait, va de l'épine iliaque antérieure et supérieure à la tubérosité de l'ischion, en passant par le milieu de la saillie trochantérienne ; nous avons admis que cette ligne contenait également l'épine iliaque antéro-inférieure. Donc, après avoir déterminé, par la palpation, sur le sujet placé en selle sur machine fixe, l'épine iliaque antéro-supérieure, nous avons réuni ce point par une ligne droite au point S, qui sur les fig. 3 et 7 marquait le centre de l'articulation coxo-fémorale, et nous avons placé de part et d'autre du point S, sur cette ligne, le point E (fig. 7) représentant l'épine iliaque antérieure et inférieure, et le point I représentant la tubérosité de l'ischion. Les distances ES et IS n'étant pas facilement mesurables sur le vivant, nous les avons mesurées sur un bassin de squelette masculin, et nous avons porté les longueurs trouvées sur la ligne tracée, en tenant compte de la proportionnalité des deux bassins. Ainsi se trouvaient déterminées, par la connaissance des points E et I, les attaches supérieures du droit antérieur d'une part, du demi-tendineux, du demi-membraneux et de la longue portion du biceps de l'autre.

Les insertions fémorales des muscles vastes externe et interne se font sur une très grande longueur sur le fémur ; nous avons admis que les insertions moyennes se faisaient à peu près au tiers supérieur du fémur, en un point situé, sur la fig. 7, à 24 m/m. 1/2 du point S.

Restaient encore, sur le fémur, à déterminer deux insertions, celles des jumeaux. Nous les avons placées au même point, puisqu'elles sont sensiblement symétriques par rapport à l'axe de la jambe, et nous avons déterminé ce point en prenant pour terme de comparaison un fémur de squelette dont nous avons admis la proportionnalité avec celui de notre sujet.

La connaissance préalable du point G, déjà utilisé comme centre de moyenne courbure du condyle, nous a été d'un grand secours, car le point d'insertion des jumeaux se trouve sensiblement sur la ligne joignant ce point au point S, c'est-à-dire sur l'axe mécanique du fémur, à une distance réelle de 24 m/m., réduite, par conséquent, sur la fig. 7, à 4 m/m.

Pour le tibia, nous avons admis, pour notre sujet, après palpation aussi soigneuse que possible :

Que le demi-tendineux prenait attache sur la ligne G T, en un point situé, sur le sujet, à 72 m/m. du point G, ce qui, sur l'épure, donnerait 12 m/m. ;

Que le demi-membraneux et le biceps s'insèrent également sur la ligne G T, mais seulement à 44 m/m. sur le sujet étudié, soit 7 m/m. 1/2 sur la fig. 7.

Restait à préciser l'attache inférieure des vastes et du droit antérieur, point assez délicat, car on sait que leur tendon d'insertion glisse, par l'intermédiaire de la rotule, dans une gouttière osseuse située entre les deux condyles fémoraux. Négligeant l'épaisseur et la longueur de la rotule, nous avons admis que le tendon terminal commun aux vastes et au droit antérieur épousait exactement le profil de celui des condyles dont le contour peut être déterminé à travers la peau, à savoir le condyle externe ; et nous avons fait insérer ce tendon à la pointe de la tubérosité antérieure du tibia, au point marqué A. Le profil du condyle est figuré pour la position S G_1 T_1 P_1, par la courbe pointillée prolongée par une droite et se terminant au point A.

Enfin, pour l'insertion inférieure des jumeaux et du soléaire, nous l'avons déterminée par la palpation directe ; on pourra, si l'on veut, la marquer sur la figure 7 en traçant, par le point T, une droite, faisant avec la ligne T P un angle de 129° ouvert en bas et en arrière, et portant sur cette nouvelle droite une longueur de 8 m/m. à partir du point T.

On remarquera que, dans ce qui précède, nous avons désigné le centre articulaire du genou, celui du cou-de-pied et la pédale par les lettres G, T et P, sans indice ; mais il est évident que si l'on veut refaire les mensurations, il faudra faire les constructions indiquées pour chacune des 14 positions de la fig. 7. Il en résultera un véritable fouillis de points nouveaux, représentant les attaches musculaires, qu'il était impossible de représenter sur une figure, même faite en grandeur naturelle ; à plus forte raison sur une épure réduite au 1/6.

Ce travail long et délicat une fois accompli, restaient à effectuer les mensurations, qui se faisaient très simplement à l'aide d'une règle millimétrique, sauf celles relatives aux vastes et au droit antérieur, pour lesquelles il était nécessaire de suivre, à l'aide du curvimètre, le profil des condyles fémoraux, relevé sur le sujet et tracé sur l'épure.

Les résultats de ces mensurations pourraient, comme nous l'avons dit, être réunis dans un tableau ; mais nous avons pensé que la représentation graphique était préférable, et construit les courbes que l'on trouvera à la fig. 8.

Pour obtenir l'une quelconque de ces courbes, celle du muscle demi-tendineux par exemple, il suffit de procéder de la façon suivante :

On commence par tracer un cercle sur lequel on marque et désigne, par des numéros, les 14 positions consécutives du point P, et l'on mène les rayons correspondants. On cherche ensuite pour quelle position de la fig. 7 le muscle demi-tendineux a présenté le maximum de longueur ; cette position est la position 5. On retranche de la longueur maxima ainsi trouvée les longueurs du demi-tendineux pour chacune des autres positions, et l'on porte les différences trouvées sur les rayons correspondants du cercle tracé, vers l'intérieur du cercle. Ce n'est pas la différence même que nous avons portée, mais seulement sa moitié ; la fig. 8 donne donc, pour les muscles choisis, la courbe des *raccourcissements musculaires* en demi-grandeur réelle.

Il eût peut-être été intéressant de donner au cercle un rayon proportionnel à la longueur du muscle, et de représenter le raccourcissement à la même échelle ; mais cela eût exigé, pour que la figure fût claire, des cercles de très grands rayons, impossibles à réunir sous forme de tableau, et d'ailleurs il ne faudrait pas croire que la distance qui sépare les extrémités d'un muscle représente la longueur de ses fibres : elle en diffère parfois beaucoup. Tandis que la variation de cette distance représente exactement le raccourcissement des fibres musculaires, les parties tendineuses étant pratiquement inextensibles.

Ceci posé, nous pouvons aborder l'examen de la fig. 8 et chercher à en dégager, dans la mesure du possible, la physiologie musculaire probable du coup de pédale. Préalablement, nous ferons remarquer qu'il y a lieu de distinguer les muscles qui ne franchissent qu'une articulation (vastes, soléaire) et ceux qui en franchissent deux (tous les autres muscles du tableau). Tandis que la physiologie des premiers pouvait à la rigueur être prévue d'après les indications de la fig. 7 sur les angles de flexion, la variation de longueur des muscles bi-articulaires ne saurait être déterminée aussi simplement. En effet, en règle générale, les muscles qui sautent deux articulations déterminent simultanément la flexion de l'une et l'extension de l'autre, et dans le coup de pédale ces mouvements en sens contraire ne coïncident en général pas pour deux articulations voisines. C'est ainsi que la cuisse se fléchit sur le bassin de la position 8 à la position 1, tandis que la jambe s'étend sur la cuisse de la position 14 à la position 7. Ce n'est donc que pendant la période 14 à 1 que l'on eût pu

Droit antérieur
Demi-membraneux et long chef du biceps
Vastes
Jumeaux
Demi-tendineux
Soléaire

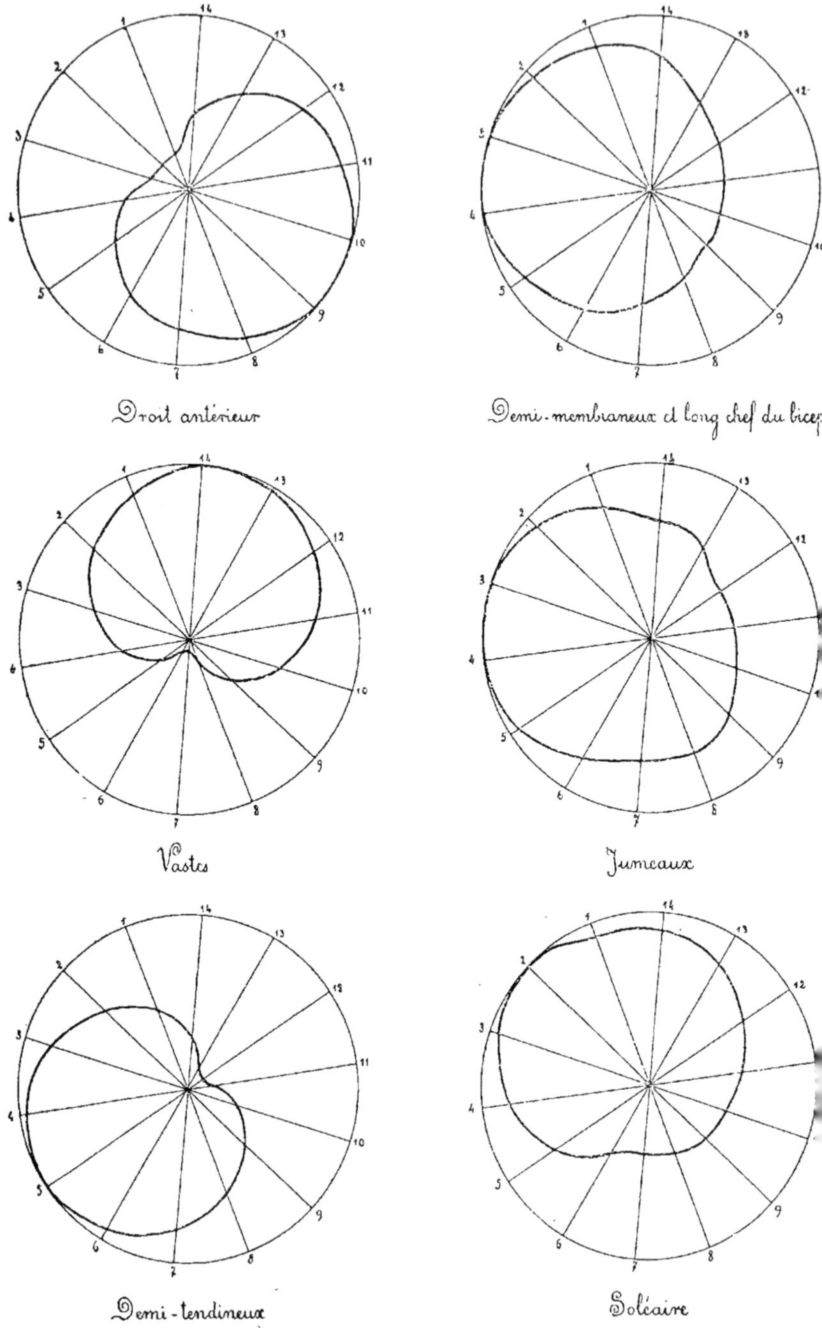

Fig. 8.

affirmer qu'il y avait raccourcissement du muscle bi-articulaire correspondant, lequel n'est autre que le muscle droit antérieur, par lequel nous allons commencer notre étude de la fig. 8.

Dans ce qui suit, nous emploierons indifféremment les mots raccourcissement et contraction ; nous croyons avoir suffisamment développé les raisons qui nous ont amené, pour les nécessités de cette étude, à considérer ces expressions comme équivalentes.

Muscle droit antérieur. — Ce muscle commence à se contracter à la position 10, lorsque la pédale est en arrière et un peu en bas, en pleine période de remontée par conséquent. Le maximum de sa *vitesse de raccourcissement* s'étend de la position 12 à la position 1. Il faut tout de suite remarquer que ce maximum de contraction ne coïncide pas exactement avec la période pendant laquelle les mouvements des deux articulations qu'il sollicite concourent simultanément au rapprochement de ses extrémités, période qui s'étend seulement de la position 14 à la position 1. Entre les positions 12 et 14, la hanche se fléchit, ce qui implique le raccourcissement du muscle ; le genou s'étend, au contraire, ce qui supposerait son allongement. Mais le premier mouvement l'emporte tellement en vitesse sur le second, que le raccourcissement du droit antérieur, de 12 à 14, est tout aussi rapide, malgré ces conditions contradictoires, qu'entre les positions 14 et 1. C'est d'ailleurs un fait général pour tous ces muscles polyarticulaires ; ce n'est pas au moment où leur physiologie cesse d'être *contrariée*, si l'on peut s'exprimer ainsi, que se place nécessairement le maximum de leur vitesse de raccourcissement, c'est-à-dire, en définitive, le maximum de leur *moment* d'action, l'expression *moment* étant ici employée dans son sens mathématique.

Le fait, que le maximum du moment d'action du droit antérieur va de la position 12 à la position 1, montre que ce muscle
doit se contracter précisément pendant cette période avec le
plus d'énergie, si le maximum de la contraction coïncide avec
l'optimum des conditions mécaniques de celle-ci. On peut donc
dire que, dans le coup de pédale théoriquement irréprochable,
le muscle droit antérieur serait, par excellence, le muscle
moteur du membre inférieur entre les positions 12 et 1.

Presque immédiatement après la position 1, le raccourcissement cesse, et pendant un instant infiniment court, le muscle
est au point mort ; puis commence l'allongement qui va per-
sister jusqu'à la position 9. Il est également intéressant
d'étudier le maximum de cette vitesse d'allongement qui, pour
le muscle droit antérieur, a lieu entre les positions 4 et 6. En
effet, si l'on suppose que le cycliste pédale *à rebours*, c'est-
à-dire fait tourner sa pédale de gauche dans le sens des
aiguilles d'une montre, ce qui est facile à réaliser sur une
bicyclette fixe, les allongements deviennent des raccourcis-
ments et *vice-versa*, et la période 6 à 4 caractérise le maximum du moment d'action du droit antérieur dans ce coup de
pédale à rebours.

Sans insister davantage sur cette considération, qui n'a
qu'un simple intérêt de curiosité, nous ferons remarquer que,
fait bien plus important, la période 4 à 6 correspond au maximum du moment d'action du même muscle droit antérieur
lorsque, le mouvement des pédales se faisant toujours dans le
sens direct, le cycliste cherche à contrarier ce mouvement ;
lorsque, en un mot, il *contre-pédale*. C'est là une nouvelle
notion, très précieuse, celle du maximum du moment de distension. Quant à la période totale d'allongement, de 2 à 9,
elle correspond à la durée complète de la contraction utile
dans l'acte de contre-pédaler, ou dans celui de pédaler à rebours.

A la position 9, le droit antérieur cesse de s'allonger et franchit un nouveau point mort ; on pourrait croire, d'après la figure, que ce passage au point mort a une durée appréciable, mesurée par l'arc 9-10, mais il y a là une erreur de dessin qui nous a échappé, et il est plus que probable que, comme dans toute courbe représentant une *fonction* mathématique continue, le maximum d'allongement n'a qu'une durée infiniment petite ; il ne saurait, dans une telle courbe, y avoir de plateau.

Autres muscles considérés dans la fig. 8. — Les développements dans lesquels nous sommes entré à propos du muscle droit antérieur nous dispensent de reproduire les mêmes considérations à propos des muscles suivants ; aussi nous bornerons-nous simplement à donner, sous forme de tableau, les éléments que nous avons définis à propos du droit antérieur, pris comme exemple.

DÉSIGNATION DES MUSCLES	POINT MORT EN ALLONGE-MENT	POINT MORT EN RACCOURCIS-SEMENT	PÉRIODE TOTALE DE RACCOURCIS-SEMENT	PÉRIODE TOTALE D'ALLONGE-MENT	MAXIMUM DU MOMENT DE CONTRACTION	MAXIMUM DU MOMENT DE DISTENSION
Droit antérieur......	de 9 à 10	2	de 10 à 2	de 2 à 9	de 12 à 1	de 4 à 6
Vastes.....................	14	7	de 14 à 7	de 7 à 14	de 3 à 5	de 9 à 10
Demi-tendineux.............	5	12	de 5 à 12	de 12 à 5	de 8 à 10	de 14 à 2
Demi-membraneux et long chef du biceps.................	de 3 à 4	10	de 4 à 10	de 10 à 3	de 6 à 7	de 13 à 14
Jumeaux....................	de 3 à 4	12	dc 4 à 12	de 12 à 3	dc 5 à 6	de 14 à 2
Soléaire	2	7	de 2 à 7	de 7 à 2	dc 5 à 6	de 12 à 13

L'étude de la fig. 8 et du tableau permet de faire des constatations d'un certain intérêt.

Tout d'abord, d'une façon générale, les phases de raccourcissement et d'allongement se partagent en général le cercle en deux portions à peu près égales, exception faite seulement pour le muscle soléaire, dont la période totale de raccourcissement est beaucoup plus courte que celle d'allongement. Il en résulte que, sauf pour le muscle soléaire, la valeur *moyenne* du moment de contraction est à peu près la même que celle du moment de distension ; et il semble qu'on peut en conclure :

Que, si le mouvement des pédales s'opérait à rebours, dans le sens indirect, l'adaptation des muscles à cette fonction nouvelle se ferait *vraisemblablement* sans difficultés excessives, après un entraînement suffisant.

Que la plus grande partie de la gêne éprouvée dans l'acte de contre-pédaler (bien peu de cyclistes l'exécutent d'une façon satisfaisante) provient plutôt d'un manque d'entraînement que d'une incompatibilité physiologique de l'organe avec la fonction.

Nous ne donnons ces conclusions que sous les réserves les plus expresses, l'expérience seule pouvant trancher la question.

On remarquera, sur la fig. 8, qu'en général ni les points morts en allongement ni les points morts en raccourcissement ne coïncident. Tous les muscles considérés sont *décalés* l'un par rapport à l'autre, comme sont décalées les manivelles d'une machine à vapeur à plusieurs cylindres. Pour le coup de pédale, ce décalage a les mêmes avantages que dans la machine à vapeur ; il supprime le point mort de l'ensemble total. Si l'on remarque que nous n'avons étudié qu'un certain nombre des muscles moteurs du membre inférieur, on conclura *à fortiori* que, dans la réalité, la suppléance des divers muscles pour les phases successives du coup de pédale est bien plus complète encore. Notons qu'il y a cependant coïncidence entre deux points morts en raccourcissement (vastes et soléaire, position 7) et deux points morts en allongement (demi-membraneux et long chef du biceps d'une part, jumeaux d'autre part, positions 3 à 4).

Sur le tableau, on remarquera qu'il y a également *décalage* entre les maxima des moments de contraction et de distension ; nouvelle condition qui met de nouveau bien en lumière la suppléance des divers muscles. Là encore, il y a cependant exception, et l'on voit coïncider deux maxima de moment de contraction (jumeaux et soléaire, de 5 à 6) et deux maxima de moment de distension (demi-tendineux et jumeaux, de 14 à 2). Les jumeaux et le soléaire sont donc, dans le coup de pédale considéré, intimement liés au point de vue fonctionnel, de même qu'ils le sont au point de vue anatomique.

La considération des périodes totales de raccourcissement est intéressante, et nous allons nous y arrêter un peu longuement. En effet, elle permet, et c'était là le but principal de cette étude, d'apprécier le rôle joué par chacun des muscles étudiés dans le coup de pédale, surtout si l'on y joint la notion du maximum du moment de contraction. Nous avons déjà, pour le muscle droit antérieur, précisé ce rôle, qui consiste à faire franchir à la pédale l'arc étendu de la position 10 à une position qui serait intermédiaire à 1 et à 2, avec maximum d'action entre les positions 12 et 1 ; le muscle droit antérieur est donc le *muscle de la remontée de la pédale* (2ᵉ *moitié*) *et de l'angle nuisible supérieur*.

Une expérience involontaire m'a permis de constater que tel est bien le rôle physiologique du droit antérieur. Après avoir employé pendant plusieurs années une bicyclette munie d'un développement moyen (5 m. 13) et être arrivé, sur cette machine, à un état d'entraînement très satisfaisant, auquel l'emploi de la pédale dynamométrique n'était certainement pas étranger, j'ai fait réduire le développement de cette bicyclette au chiffre, considéré comme très petit, de 3 m. 85. La tendance constante que j'avais eue de modifier mon coup de pédale suivant les indications de la théorie, m'avait amené à m'appliquer, autant que possible, à diminuer ce que nous avons étudié plus haut sous le nom de contre-pression ; j'étais également devenu assez expert dans l'art de bien franchir les points nuisibles supérieur et inférieur ; c'est dire que je demandais à mon muscle droit antérieur beaucoup plus que la grande majorité des cyclistes ne songent à en tirer. En prenant le petit développement, je conservai, bien entendu, les mêmes habitudes musculaires et continuai à contracter mon droit antérieur pour éviter la contre-pression. C'était ne pas voir que les conditions étaient toutes différentes et que je me trouvais, pour reprendre la comparaison faite à propos de la contre-pression, dans le cas d'un manœuvre, habitué à actionner une roue exigeant un effort considérable, et auquel on donnerait, sans transition, une manivelle très peu dure à tourner beaucoup plus vite. Un ouvrier dont les conditions de travail seront ainsi modifiées aura soin de ne pas conserver les habitudes prises, et ne cherchera plus à éviter toute pression à contre-sens sur la manivelle pendant sa remontée. Je ne songeai nullement à appliquer ce principe ; aussi le résultat fut-il ce qu'il devait être ; mes muscles droits antérieurs, surmenés, furent frappés d'une courbature qui les atteignit à l'exclusion de tous les autres et persista pendant dix jours environ ; d'où je tirai cette double conclusion, que le droit antérieur est bien le muscle de la remontée de la pédale, et que les habitudes musculaires prises dans certaines conditions, et qui paraissent les meilleures, cessent complètement d'être telles, lorsque ces conditions viennent à changer. De fait, il me suffit de renoncer à annuler la contre-pression pour pouvoir employer mon développement réduit sans observer, même pendant des excursions prolongées à allure assez vive, l'apparition de cette fatigue spéciale.

Vastes (extenseurs de la jambe). — La contraction des vastes dure de la position 14 à la position 7, avec maximum du moment de contraction de 3 à 5. C'est bien ce que l'on eût pu prévoir *à priori* pour ces muscles d'une physiologie relativement simple. Tandis que le droit antérieur était releveur et projecteur de la pédale en avant, les vastes sont abaisseurs de celle-ci.

Demi-tendineux (extenseur de la cuisse et fléchisseur de la jambe). — Il se contracte de la position 5 à la position 12, avec maximum du moment de contraction de 8 à 10. C'est donc un muscle qui concourt à la fois au tiers final de l'abaissement de la pédale, au passage de l'angle nuisible inférieur et aux deux premiers tiers de la remontée de celle-ci.

Demi-membraneux et long chef du biceps (extenseurs de la cuisse, fléchisseurs de la jambe). — Très analogues comme physiologie au muscle précédent, ces deux muscles concourent à la deuxième moitié du mouvement descendant de la pédale, au passage de l'angle nuisible inférieur et à la première moitié de la remontée. Le maximum de leur moment de contraction se place entre les positions 6 et 7. Avec le demi-tendineux, ils constituent les muscles par excellence du point nuisible inférieur; aussi sont-ils, en général, très développés chez les cyclistes bien entraînés, et certains coureurs professionnels sont tout à fait remarquables sous ce rapport.

Jumeaux (fléchisseurs de la cuisse, extenseurs du pied). — Ce sont, peut-être, de tous les muscles moteurs du membre inférieur, ceux dont la physiologie a été la moins nette dans le coup de pédale considéré ; leurs raccourcissements, en effet, sont un peu moins accentués que ceux des autres muscles étudiés. Leur période de raccourcissement s'étend sur la deuxième moitié de la descente de la pédale, l'angle nuisible inférieur et les deux premiers tiers de la remontée. Il est probable que, dans cette dernière partie de la contraction, les jumeaux jouent un rôle dans la production de la contre-pression et expliquent la direction singulière de la poussée du pied pour les positions 9, 10, 11 et 12 ; en cela, les jumeaux doivent être aidés par les demi-tendineux, demi-membraneux et longue portion du biceps ; aussi la direction des flèches aux points P_9, P_{10}, P_{11} de la fig. 3 ne doit-elle pas surprendre.

Soléaire (extenseur du pied). — Sa période de raccourcissement comprend les deux derniers tiers de la phase descendante de la pédale. Son rôle se borne donc, en somme, à compléter l'action des vastes ; il est abaisseur de la pédale. Le maximum de son moment de contraction a lieu entre les positions 5 et 6, comme pour les jumeaux. L'ensemble des jumeaux et du soléaire, le triceps sural, avait donc, dans le coup de pédale considéré, le maximum de moment d'action pendant la phase précédant immédiatement le passage au point nuisible inférieur.

CONCLUSIONS

On peut se demander si les considérations dans lesquelles nous venons d'entrer sont bien légitimes. Tout en admettant la valeur de la méthode des mensurations successives, dont je me suis efforcé de justifier préalablement l'emploi, le lecteur pourrait craindre que le coup de pédale considéré ne constitue qu'un terme isolé, ne donnant droit à aucune généralisation, même pour le sujet choisi. Je rappelle ici que mes expériences ont porté, jusqu'à présent, sur cinq sujets diversement entraînés sur lesquels j'ai recueilli un total d'environ 40 tracés dynamométriques, tous transformés en épures. Le sujet auquel se rapportent les épures ci-annexées est celui qui m'a fourni le plus de tracés, et son coup de pédale présente une variabilité très réduite. C'est à tel point, qu'ayant construit une figure analogue à la fig. 8 pour une vitesse différente (24 km., 490 au lieu de 34,782), j'ai renoncé à la publier, les courbes de raccourcissements musculaires étant presque superposables à celles que nous donnons ici. Aussi, je crois être fondé à tirer de ce qui précède quelques conclusions, par lesquelles je terminerai cette étude.

Le fait, que dans l'exécution du coup de pédale la physiologie des muscles est en général *contrariée*, semblerait permettre de supposer que l'homme actionnant un cycle se trouve dans des conditions mécaniquement mauvaises. Il n'en est rien.

Tout d'abord, ce rôle contradictoire des différents muscles se retrouve dans des exercices du corps pour lesquels l'adaptation de l'organisme ne fait aucun doute. Dans la marche en montagne, par exemple, ou l'ascension d'un escalier, à l'instant du simple appui, un membre unique supporte le poids du corps ; or, les articulations de ce membre s'étendent toutes à la fois. L'expression physiologie contrariée est donc peut-être dangereuse, en ce qu'on pourrait la considérer comme synonyme de mouvement anti-physiologique, et les termes de fonction *contradictoire* ou *paradoxale* des muscles ne sont pas non plus exempts de cet inconvénient.

Loin d'être, pour l'homme actionnant un cycle, une cause d'infériorité, cette condition spéciale de son fonctionnement musculaire est peut-être un avantage. Sans doute, le rôle contradictoire des muscles diminue le moment d'action de ceux-ci, et, dans l'acte de pédaler, le muscle droit antérieur, par exemple, n'est pas susceptible, à égalité de contraction, de développer le maximum de *force* qu'il pourrait communiquer à la jambe, si le synchronisme des mouvements était comparable à celui de la course à pied par exemple. Mais c'est ici le cas de rappeler que la force n'est pas tout, qu'il faut aussi tenir compte de la vitesse, que la perte d'un côté entraîne un gain de l'autre ; bref, que dans l'acte de pédaler, le droit antérieur, fonctionnant ainsi avec un moment réduit, est capable de s'accommoder de mouvements bien plus rapides que dans les conditions contraires. Le muscle se trouve, en somme, placé dans le cas d'un cycliste montant une bicyclette à grand développement, et devient capable de suivre avec plus d'aisance des déplacements relatifs rapides de ses points d'insertion. Par compensation, toujours comme un cycliste à grande multiplication, il n'est plus apte à produire des *démarrages* aussi vifs ; mais nous avons vu, en étudiant la fig. 7, que l'acte de pédaler ne s'accompagnait pas de rebroussements brusques, comparables à ceux qui existent dans la marche. Il y a, dans le coup de pédale donné en bonne position, des transitions bien ménagées entre les flexions et extensions successives. Aussi les conditions d'action des muscles dans le coup de pédale ne doivent pas, croyons-nous, être considérées comme réellement incompatibles avec leur bon fonctionnement. Comme autre conséquence, malgré tout ce que l'on a dit et écrit sur le mécanisme antinaturel du coup de pédale, sur l'intérêt qu'il y aurait à substituer à la trajectoire circulaire de celles-ci, des mouvements plus physiologiques en apparence, nous croyons que les pédales à mouvement rotatif ont encore de longs jours devant elles, surtout si l'on tient compte de cette considération, étrangère d'ailleurs à la physiologie, que le cycle basé sur ce principe est infiniment plus facile à construire et plus robuste que tous les systèmes préconisés pour le remplacer.

Il n'est d'ailleurs peut-être pas d'organes sur lesquels l'habitude, l'entraînement, aient autant d'influence que les muscles. Mais pour que cette adaptation soit possible, il est nécessaire qu'ils soient placés dans certaines conditions de bon fonctionnement.

Parmi ces conditions que le cycliste doit s'efforcer de réaliser, celles qui concernent la *position* à prendre sur sa machine ont une importance toute spéciale. Cette question comporte, tout d'abord, la détermination de la situation de la selle.

Nous avons vu, à propos des angles de flexion du membre inférieur (discussion de l'épure 7), quelles raisons conduisaient à ne pas placer la selle trop haut ; et nous avons précisé la règle généralement admise comme bonne, à laquelle on fera bien de se conformer. Mais tout n'est pas dans la hauteur de la selle; encore faut-il fixer sa position dans le sens antéro-postérieur.

Dans des articles déjà cités, publiés dans la *Revue mensuelle* du T. C. F., le Dr Chenantais a cherché à donner la justification théorique de la position généralement adoptée à bicyclette. Malheureusement, à côté de vues parfaitement justes sur les avantages respectifs des diverses positions, et de très intéressantes relations d'expériences sur route, ce travail contient certaines erreurs de principe dont j'ai déjà parlé à propos de la direction de la poussée du pied (p. 21). Il en résulte que tout en acceptant la partie expérimentale des articles de cet auteur, et bien que souscrivant à ses conclusions en ce qui concerne la position de la selle pour le tourisme, je ne puis en approuver la partie théorique, et pense que l'adoption de la position actuelle du cycliste procède d'autres raisons.

La station verticale pure, avec bras tombant le long du corps, étant la position physiologique par excellence, pourquoi n'y a-t-il pas intérêt à la réaliser lorsqu'on monte à bicyclette ? Comme le fait remarquer le Dr Chenantais, il y avait, tout d'abord, des difficultés pratiques de construction, « et l'on « a été obligé d'éloigner les poignées du guidon de l'axe du « corps pour rendre les virages possibles ; on élevait en même « temps le guidon pour laisser passer la cuisse en haut de sa « course. » Nous ferons remarquer que la difficulté eût pu être résolue d'une autre façon, et qu'il eût suffi pour cela d'employer un système de direction n'exigeant pas de grands déplacements en totalité des poignées. Une direction par rotation des poignées sur elles-mêmes, et transmission de ce mouvement à la roue d'avant, comme celle des tricycles d'il y a quinze ans, eût permis de conserver l'attitude verticale, s'il y avait eu réellement intérêt à le faire. Mais nous croyons que l'abandon de cette position était aussi et surtout justifié par des raisons physiologiques.

Nous avons vu, à propos de l'amplitude des mouvements articulaires (analyse de la fig. 7), qu'il y avait avantage mécanique à éviter, pour toutes les articulations, les positions trop voisines de l'extension ou de la flexion complète. Il faut, avons-nous dit, conserver toujours aux articulations un certain degré de flexion, car les attitudes fléchies sont les attitudes de vitesse, les positions voisines de l'extension complète étant plutôt des positions de force. C'est là, pensons-nous, la raison qui a fait abandonner l'attitude verticale pure et simple dans l'emploi du cycle.

En premier lieu, il y avait nécessité de placer le bassin et la cuisse dans une position telle, que les muscles qui meuvent l'une sur l'autre fussent, tant les extenseurs que les fléchisseurs, dans un état moyen de demi-distension. Sur la fig. 7, la bissectrice de l'angle G_1 S G_5, très sensiblement représentée par la ligne S G_4, fait avec la ligne E I un angle presque droit (exactement un angle G_4 S E, de 80°, ouvert enavant). Ce n'est pas là un simple effet du hasard, mais l'expression d'une véritable nécessité physiologique ressentie par le sujet, cycliste expérimenté ; il a cherché instinctivement à tenir la balance égale entre les muscles insérés au point I (demi-tendineux, demi-membraneux et biceps) et ceux, soit attachés directement au point E (droit antérieur), soit en des points voisins (pectiné, couturier, tenseur du fascia lata et même psoas-iliaque, si l'on tient compte de sa réflexion). De cette façon, les mouvements que la cuisse sera appelée à exécuter autour de la position moyenne S G_4 pourront s'effectuer avec le concours également actif des extenseurs d'une part, des fléchisseurs de l'autre.

En cherchant à placer la cuisse dans cette flexion modérée, il fallait éviter de donner au buste une inclinaison trop marquée en avant, ou bien au membre inférieur une direction trop éloignée de la verticale. Ce résultat est obtenu en répartissant l'inclinaison nécessaire à la fois sur la jambe et le buste, et d'une façon à peu près égale, ce qui permet de maintenir le centre de gravité de l'ensemble du corps sur une ligne verticale suffisamment voisine de l'axe du pédalier. Chez le touriste, en effet, on admet, depuis M. Baudry de Saunier, que le buste doit faire avec la verticale un angle de 15°. Cette règle est en général observée par la grande majorité des cyclistes. L'inclinaison du tube de selle en arrière est, pour presque toutes les marques de bicyclettes, à 22° 1/2. Le report de la selle en avant au moyen d'une tige de selle coudée réduit l'inclinaison de l'axe idéal du membre inférieur très sensiblement au chiffre indiqué par M. Baudry de Saunier pour l'inclinaison du buste en avant, soit 15°. Dans les figures 3 et 7, la ligne S O, qui représente la direction moyenne de l'axe de la jambe entière, fait avec le diamètre horizontal du cercle décrit par la pédale un angle de 78°; par conséquent avec la verticale un angle de 12°.

C'est donc, à mon avis, la nécessité d'éviter aux articulations les positions forcées qui a conduit les cyclistes à adopter, sur leurs machines, l'attitude de demi-flexion que beaucoup d'auteurs trop portés aux conclusions hâtives persistent encore à considérer comme antinaturelle.

Description de la pédale dynamométrique et résumé de sa théorie.

La pédale dynamométrique est représentée (fig. 9) en vue latérale, c'est-à-dire telle qu'elle se présenterait à un observateur placé dans le prolongement de l'axe de la pédale et du

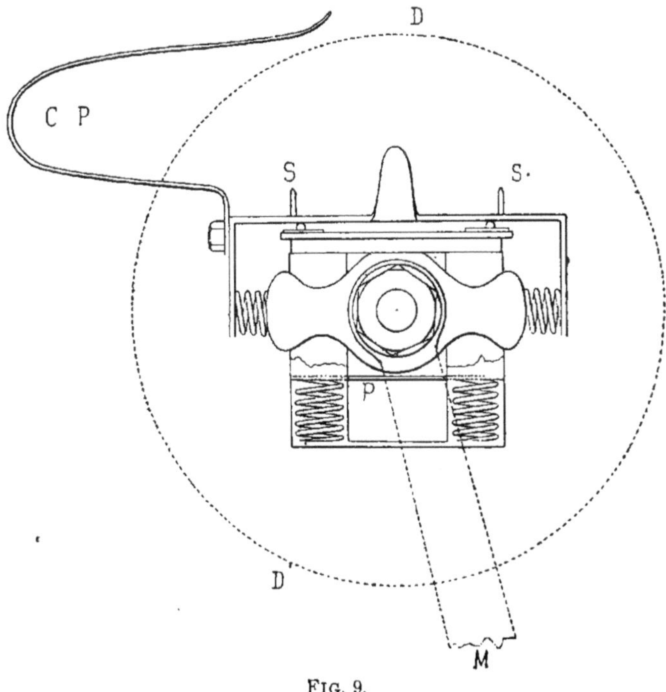

Fig. 9.

même côté que le cadre de la bicyclette. La fig. 10 la montre telle qu'elle serait vue par un observateur placé en arrière d'elle et à la même hauteur ; ou, pour employer un langage plus mathématique, la fig. 9 montre la pédale en projection sur le plan moyen de la bicyclette, et la fig. 10 la représente en projection sur un plan vertical, perpendiculaire à celui-là.

On voit que la pédale est fixée à l'extrémité de la mani-

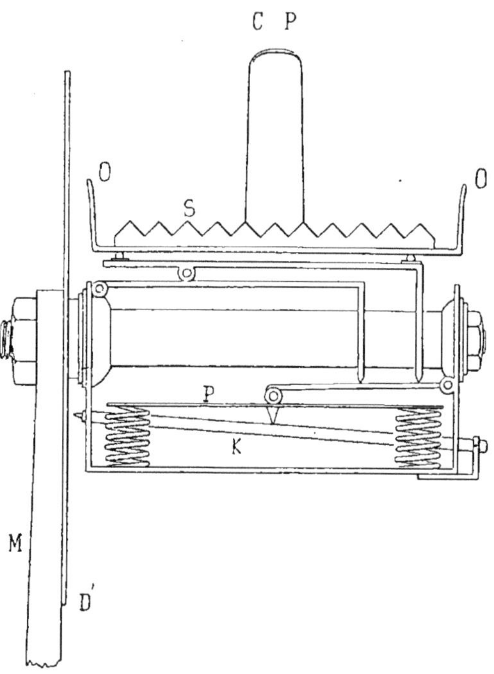

Fig. 10.

velle M au moyen d'un écrou à six pans; le disque D D', destiné à recevoir les inscriptions, est serré entre le renfort de l'axe de la pédale et la face extérieure de la manivelle dont il est par conséquent solidaire.

La pédale proprement dite consiste en une plaque d'acier sur laquelle le pied est fixé au moyen de dents de scie S, S, d'oreilles latérales O et d'un cale-pied C P. Cette plaque roule au moyen de quatre billes sur la plate-forme supérieure de la bascule de Quintenz ; quatre ressorts à boudin règlent ces déplacements qui, amplifiés par un levier, traduisent les variations de l'effort de glissement F_g suivant le diamètre du disque parallèle au plan de la pédale.

Quant à l'effort normal F_n, il est transmis par la dernière platine P de la bascule de Quintenz à un levier (K, fig. 9) qui l'inscrit sur le disque suivant un diamètre perpendiculaire au précédent.

Si, la pédale étant en place, la machine avance sans que le pied exerce aucune action motrice, les styles traceront sur le carton spécial qui recouvre le disque des cercles concentriques. Si, au contraire, le pied agit, ils décriront des courbes fermées dont l'excentricité, mesurée à l'aide d'une graduation empirique, donnera la mesure de l'effort correspondant. Dans ce qui va suivre, nous supposerons la pédale montée à gauche ; en ce cas, on démontre et nous admettrons que la lecture des courbes se fait dans le sens des aiguilles d'une montre. De plus, en vertu de la disposition des styles, la courbe de F_n retarde de 90° sur celle de F_g.

La vitesse angulaire avec laquelle sont décrites ces courbes varie pendant un coup de pédale en raison des oscillations de celle-ci. Pour pouvoir rapporter chaque point des courbes dynamométriques à la position réelle de la manivelle dans l'espace, il a fallu pointer sur le disque, par une courbe auxiliaire, les rotations de la manivelle d'un angle constant et connu. Ce pointage se fait à l'aide d'un trembleur pneumatique fixé à la pédale et situé à 26° au-dessous de son plan, trembleur actionné par une came sinueuse calée sur la roue dentée de la bicyclette. Une des dents de la came se distingue des autres par un profil spécial (dent spéciale) et la direction de la manivelle est pointée sur le disque.

Le carton une fois détaché de la machine offre l'aspect ci-dessous (fig. 11). Soient O le centre du disque, OM la ligne de repère de la manivelle, N, N la courbe de F_n et n, n son zéro ; G, G la courbe de F_g et g, g son zéro ; S, S la courbe de pointage, où la dent spéciale est figurée en α. Le sens de la lecture est celui indiqué par les flèches. Il s'agit de construire l'épure du coup de pédale (fig. 12).

D'un point R d'une droite horizontale XY comme centre, traçons le cercle décrit par la pédale. A l'instant où la dent

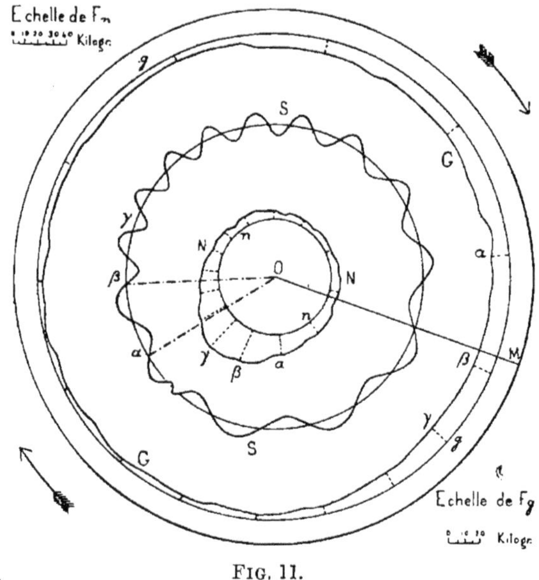

Fig. 11.

spéciale passe en regard du galet qui actionne le trembleur, la manivelle occupe une direction connue, déterminée une fois pour toutes, et que nous pouvons figurer en $R\alpha_1$. A cet instant, le style traceur du trembleur pointait sur le disque précisément la dent spéciale α, et le plan de la pédale, qui se trouve à 26° au-dessus, faisait avec la ligne OM (fig. 11) et par suite avec la manivelle, un angle égal à $MO\alpha + 26°$, angle que nous portons sur la fig. 12 en $P\alpha_1 R$. La droite

α_1P représente la position du plan de la pédale à l'instant α. On construit de même la direction de la pédale à l'instant de passage de la dent suivante β, en construisant au point β_1 (fig. 12) l'angle P'β_1R égal à MO $\beta + 26°$; de même au point γ_1 , et ainsi de suite.

L'épure géométrique du coup de pédale étant construite,

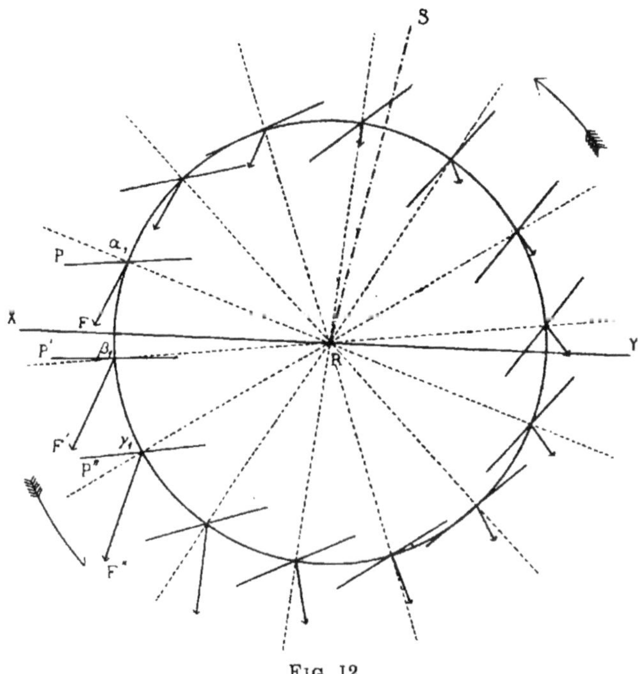

Fig. 12.

on la complète par l'épure mécanique en pointant sur les courbes N, N et G, G les positions occupées par les styles aux instants α, β, γ, etc. Les excentricités des courbes en chacun de ces points, mesurées à l'aide de la graduation empirique, donnent en kilogrammes les intensités, aux instants α, β, γ, ..., etc. des efforts F_n et F_g, qui ne sont en somme que le résultat de la décomposition de la poussée totale du pied F suivant deux directions rectangulaires, dont l'une se confond avec le plan de la pédale. Ces composantes sont donc toutes les deux connues en grandeur et en direction, ce qui suffit pour qu'on puisse déterminer F par la construction du parallélogramme des forces. C'est le résultat de cette construction qui est représenté fig. 12, où les lignes discontinues représentent les positions de la manivelle, les lignes pleines celles de la pédale, et les flèches la force F en direction et en grandeur, à raison de $0^{mm},5$ par kilogramme. Pour avoir la position de l'articulation de la hanche du sujet, il suffit de porter sur RS prolongé une longueur égale à 132^{mm}.

Le carton qui a servi de base à cette épure a été pris sur la piste en bois du Vélodrome d'Hiver, à la vitesse de $21^{km},052$ à l'heure.

INDEX BIBLIOGRAPHIQUE

Baudry de Saunier. — *Le cyclisme théorique et pratique*. Chez l'auteur Paris, 36, rue Vaneau.
— *L'art de la bicyclette*. Chez l'auteur, Paris, 36, rue Vaneau.

Bouard. — La multiplication. *La Bicyclette*, 4 février 1897.

Bouny. — Etudes expérimentales. *Revue mensuelle du T. C. F.*, avril, juillet et septembre 1897.
— Machines mixtes. *Revue mensuelle du T. C. F.*, novembre 1897, janvier, juin et juillet 1898.
— Manivelles et multiplications. *Revue mensuelle du T. C. F.*, mars 1897.
— Mesure du travail dépensé dans l'emploi de la bicyclette. *Comptes rendus de l'Académie des sciences*, 15 juin 1896.
— Un Volant ? *Le Cycliste*, 31 janvier 1899.

Bourlet. — *Traité des Bicycles et Bicyclettes*. Paris, librairie Gauthier-Villars, 1898.
— *La Bicyclette, sa construction et sa forme*. Paris, librairie Gauthier-Villars, 1899.

Briot. — Le développement rationnel. *La Bicyclette*, 18 mars et 1er avril 1897.
— Vitesse et effort. *La Bicyclette*, 24 juin 1897.

C. G. — Un mot sur les longues manivelles. *Revue mensuelle du T.C. F.*, avril 1897.

Dr Chenantais. — Manivelles et multiplications. *Revue mensuelle du T. C. F.*, janvier 1897.
— Le pied sur la pédale. *Revue mensuelle du T. C. F.*, octobre 1895.
— Position normale et sa théorie. *Revue mensuelle du T. C. F.*, janvier et février 1896.

Collet. — *Apprentissage rapide et emploi rationnel de la bicyclette*. Masson et Cie, éditeurs, Paris, 1898.

Duard. — La question de la multiplication. *La Bicyclette*, 11 février 1897.

L. O. Followell. — Physiologie musculaire du vélocipédiste. *La Bicyclette*, 4 juin, 20 août, 1er, 15 et 29 octobre 1896.

Prof. C. M. Gariel. — Les desiderata du cyclisme. *Revue mensuelle du T. C. F.*, mars, avril, mai, juin, juillet 1897.

Gibert. — Longues manivelles, grands développements, changements et vitesse. *Revue mensuelle du T. C. F.*, juin 1896.

Giraud. — Lettre au journal *Le Cycliste*, n° du 31 octobre 1898.

Dr Guillemet. — *La Bicyclette, ses effets psycho-physiologiques*. Th. Bordeaux, 1897.

Jack-Sell. — Manivelles et multiplications. *Revue mensuelle du T. C. F.*, mars 1897.

L. Lockert. — *Les Vélocipèdes*. Paris, au siège social du T. C. F., 5, rue Coq-Héron.

Baron de Mauni. — Le pied sur la pédale. *Revue mensuelle du T. C. F.*, novembre 1895.

Mille. — Longues manivelles, grands développements, changements de vitesse. *Revue mensuelle du T. C. F.*, juin 1896.

Morin. — La question de la multiplication. *La Bicyclette*, 8 avril 1897.

Perrache. — Analyse d'un coup de pédale. *Le Cycliste*, 31 mars 1899.

— Le cab-cycle. *Le Cycliste*, 30 septembre 1898.

— L'essoufflement. *La Bicyclette*, 27 février et 5 mars 1896.

— La manivelle. *La Bicyclette*, 15, 22 et 29 avril 1897.

— Multiplication de course. *La Bicyclette*, 14, 21 et 28 janvier 1897.

— Multiplication irrationnelle. *La Bicyclette*, 13 et 27 mai 1897.

— Multiplication et poids des machines. *Revue mensuelle du T. C. F.*, mars 1896.

— Poids des jambes. *La Bicyclette*, 7 et 14 mai 1896.

— Vitesse des jambes. *La Bicyclette*, 19 décembre 1895.

Reeb. — Le développement normal à bicyclette. *Revue du T. C. F.*, mai 1899.

Scott. — Cycling Art, Energy and Locomotion (extrait). *Le Cycliste*, 30 avril 1896.

*******. — (Anonyme.) — Un nouveau système de vélocipède. *Le Cycliste*, 31 décembre 1895.

*******. — Du travail moteur dans le cyclisme. *Le Cycliste*, 29 février 1896.

TABLE DES MATIÈRES

Pages

AVANT-PROPOS... 5

CHAPITRE I. — **Historique**.................................. 7

CHAPITRE II. — **Analyse dynamométrique d'un coup de pédale**.. 11

    Technique expérimentale....................................... 11
    Théorie du coup de pédale, d'après M. Bourlet................. 13
    Positions successives de la pédale............................ 19
    Direction de la poussée du pied.............................. 21
    Intensité de la poussée du pied.............................. 24
    Contre-pression.. 25
    Rendement... 27

CHAPITRE III. — **Analyse cinématique d'un coup de pédale**.. 32

    Amplitude des mouvements articulaires........................ 36
    Trajectoires de quelques points remarquables, et vitesse de leurs mouvements sur la trajectoire..................................... 39

CHAPITRE IV. — **Essai d'une physiologie musculaire du coup de pédale**.. 43

    Procédé des mensurations successives......................... 43
    Détermination des insertions musculaires..................... 45
    Muscle droit antérieur....................................... 51
    Autres muscles considérés dans la fig. 8..................... 53
    Vastes... 58
    Demi-tendineux... 58
    Demi-membraneux et long chef du biceps....................... 58
    Jumeaux.. 58
    Soléaire... 59

Conclusions.. 61

    Description de la pédale dynamométrique et résumé de sa théorie..... 67

Index bibliographique..................................... 73

9 782014 468687